主编　吴越

编著　陈帆　李文驹

浙江大学建筑事业典藏丛书

千绘普陀山古建筑测绘底图存稿

［一九八〇级］［一九八一级］［一九八二级］

浙江大学出版社

·杭州·

**图书在版编目（CIP）数据**

手绘普陀山古建筑测绘底图存稿 ：一九八〇级、一
九八一级、一九八二级 / 陈帆，李文驹编著. -- 杭州 ：
浙江大学出版社，2024. 12. --（浙江大学建筑专业典藏
丛书 / 吴越主编). -- ISBN 978-7-308-25642-1

Ⅰ．TU198-64

中国国家版本馆CIP数据核字第2024Q4Z739号

手绘普陀山古建筑测绘底图存稿：
一九八〇级、一九八一级、一九八二级

陈　帆　李文驹　编著

| | |
|---|---|
| **责任编辑** | 杨　茜 |
| **责任校对** | 许艺涛 |
| **封面设计** | 詹育泓　吴婧一　周　灵 |
| **出版发行** | 浙江大学出版社 |
| | （杭州市天目山路148号　邮政编码310007 ） |
| | （网址：http://www.zjupress.com ） |
| **排　　版** | 浙江大千时代文化传媒有限公司 |
| **印　　刷** | 杭州捷派印务有限公司 |
| **开　　本** | 889mm×1194mm　1/12 |
| **印　　张** | $13\frac{1}{3}$ |
| **字　　数** | 69千 |
| **版 印 次** | 2024年12月第1版　2024年12月第1次印刷 |
| **书　　号** | ISBN 978-7-308-25642-1 |
| **定　　价** | 288.00元 |

# 总序　手绘与建筑

## 吴越

**手**绘与建筑究竟是什么关系？是单纯的表达呈现工具，还是思维与创作的手段？我个人更倾向于后者。

**传**统上人们谈及建筑学专业，自然会和绘画联系在一起。过去大学录取建筑学专业学生通常会加试美术。不过今天，对于这一密切关系的认知正在受到挑战。

**如**同其他学科一样，信息技术也正在深刻地影响建筑学的发展。从20世纪80年代末开始，电脑辅助绘图已经全部取代了人类手工的建筑设计制图工作。现在，更为深入的数字化革命正在融入建筑学科的教育改革之中，不仅有设计过程中参数化设计技术的应用，也有采用日趋成熟的机器人手段进行数字建造的努力，正如过去数年间我们在浙江大学建筑系所进行的数字化全方位生态改造。在这样的背景下，人们开始质疑手绘之于建筑的意义并不奇怪。

**仅**仅从文化角度说服人们固守旧制是苍白无力的，只有深入认识手绘和建筑空间思维能力的 内在逻辑关系，才可能使手绘重新获得应有的尊重，这里我结合个人的学习历程谈一点体会。

## 之一：初识手绘
### ——不只是工具，也是认知

40年前，当我面临高考专业选择的时候，因为在家中所受的艺术绘画的熏陶及工程技术方面的影响，便觉得学建筑是最合适的选择。从1982年进入浙大建筑学专业学习，绘画便成了我的热爱。

那时候我们除了基础的课堂训练，就是到大自然中写生，大学一年级，基本上每个周末我都会去西湖的山水中画速写。而这份对绘画的热忱，自然要感谢当年几位好老师的言传身教。2021年，我应约为尊敬的单眉月老师95岁诞辰画展写序，再次回忆了从前的时光。她是我大学一年级的班主任和素描课老师，和后来的二年级水彩课杜高杰老师一样，她强调的更多的是哲学、美学的思维，如虚实、繁简、拙巧等，并不过于拘泥于技巧，也不在意画面的干净整洁，这和通常理解的建筑绘画十分不同。我体会到，通过个人的、十分困难的用手绘画试错的过程所收获的美学价值观的培养，是单纯的美学讲座课无法替代的。

然而建筑初步课中的手绘训练则要枯燥得多，那时我们沿用的是传统的、源自法国巴黎美院的布扎体系。该体系于1868年传入美国宾夕法尼亚大学美术学院，我国的建筑学先驱杨廷宝、梁思成等多求学于此。因此，当年的中央大学（后来改为南京工学院，即现在的东南大学）建筑系秉承了此脉系，奠定了中国古典主义建筑教育的基石。当年来自南京工学院的丁承朴老师主讲我们的初步课程，更多的是强调严谨细致的手绘和内心的体悟。记得当时的水墨渲染作业耗时长达十周，当然也有铅笔线条、仿宋字体训练等。尽管后来随着建筑设计表达方法的改变，我们已很少用到相关技能，但是这种严格的手脑协调训练对于心性的锤炼还是功不可没的，后来回忆起来，对于像古典柱式之类的经典秩序，确实需要很长的时间方可有点滴感受。

直到1983年暑假报名去普陀山测绘，我才对一直认为单调的建筑手绘产生了兴趣。这可能要感谢那里海岛的空气、食物、原生态的古建筑，以及每天爬上爬下测绘形成的全身记忆。

当年的普陀山完全没有开放旅游，我们住在古樟环抱的法雨禅寺中，岛上电力由驻岛海军的柴油发电机提供，每天晚上9点断电。这让我们得以在海岛的星空下、在古刹中和和尚聊天，白天和1980级、1981级的学长们大汗淋漓地工作完，可以享用从沈家门渔港运来的小海鲜，当然还有在海边沙滩游泳等，这些场景打破了传统课堂及师生的边界。当年相关的测绘成果被编入由赵振武、丁承朴、吴海遥、张毓峰等指导老师编著出版的《普陀山古建筑》一书（中国建筑工业出版社，1997），而本系列手绘丛书中所发表的却是硫酸纸墨水正式图纸成稿前的铅笔底图。看到当年用削得针尖般的6H铅笔一个筒瓦、一个筒瓦地仔细数过绘就的立面铅笔草图，今天的同学可能会觉得不可思议。但是对于亲历者来说，就仿佛进入了当年全部的场景，那是白天爬上屋顶测量、记录，晚上挑灯绘图的成果；是热忱、自豪的成就感。沉浸于海天佛国令人窒息的美景和震撼心灵的建筑之中，谁还会说手绘是枯燥无聊的呢？

现在通过激光雷达、倾斜摄影等设备可以快速准确完成的工作，当年则需要手工反复测量校对，并通过解读简单的尺寸，理解、还原成较客观的平立剖面。不过这个重度依赖手绘的过程却给我们的身体和大脑上了一堂对空间、尺度、材料等的建筑深度认知课。

这种训练自然也为日后的设计课绘图打下了良好的基础，基本上，美术成绩好的同学后来在设计课中大多表现优秀，这使我们注意到两者的关联性，或许是高频度的手、脑、眼协同训练，带来了更好的空间感和设计感。

伏尔泰 – 石膏像铅笔素描 – 吴越 1983
（浙江大学建筑系一年级素描课 5 分留系作业，指导教师：单眉月、顾小加）

## 之二：建筑写生
### ——不只是建筑，也是内心

我个人对手绘的进一步认识来自研究生阶段的经历。我在本科毕业后考入南京工学院（现为东南大学），有机会跟随导师、时任建筑系系主任鲍家声教授，参与对本科低年级的教学改革工作，学习理解来自苏黎世联邦理工学院的理性教学方法。虽然是带课老师，但对我来说，这也是脱胎换骨般的学习过程，即以更理性的态度，聚焦平面、空间的细胞解析组合训练，而不再安排布扎体系中经典的耗时的渲染手绘教程。多年后当我回到浙大任教并担任学科负责人时，所推进的设计课程体系，和当年在东南大学所受的训练是连贯的。今天看来，重视手绘训练的传统布扎体系和侧重空间逻辑训练的欧洲工学院训练体系，两者在不同之外，其实也存在重要的一致性。

在东南大学期间，对手绘的自发兴趣，把我带到了传统民居的圣地——皖南，这也是我第一次独立的、自觉的探索建筑之旅，用手眼心去沉浸式地感知真实的建筑、场所和文化。雨中的呈坎，初春的油菜花田，牛背上的牧童，宏村的水院，当然还有无所不在的徽派古建筑的弯弯巷道和深深庭院。那时候我用的是一部海鸥胶片相机，主要用来拍摄黑白照片，彩色胶片更加珍贵，整个行程只用了一卷。倒是当年的速写今天看来依然历历在目，带回了更多当时的记忆。这些钢笔速写显然是不准确的，但反而更实质性地反映了建筑在大脑中的最强烈印象，以及场景和情绪，有的速写上还有现场雨滴打上的晕痕。皖南传统民居地方性的施工技术及岁月导致的变形，令人印象深刻。这使我开始理解，规则准确并非建筑的全部，手绘这时便不只是粗糙的记录方式，而是对理解的表达，有温度的表达。我初次在皖南民居学习期间的速写发表在《建筑师》及《建筑画》上，进一步坚定了我的信念：手绘是空间体验最直接、简单的表述，也是最有效的。

带着这样的信念，手绘速写伴随我很长的时间、走过了许多的地方。虽然早已进入数码相机时代，我还是觉得手绘可以更好地向经典学习。因为手绘记录的不只是建筑，也是某个瞬间的内心。

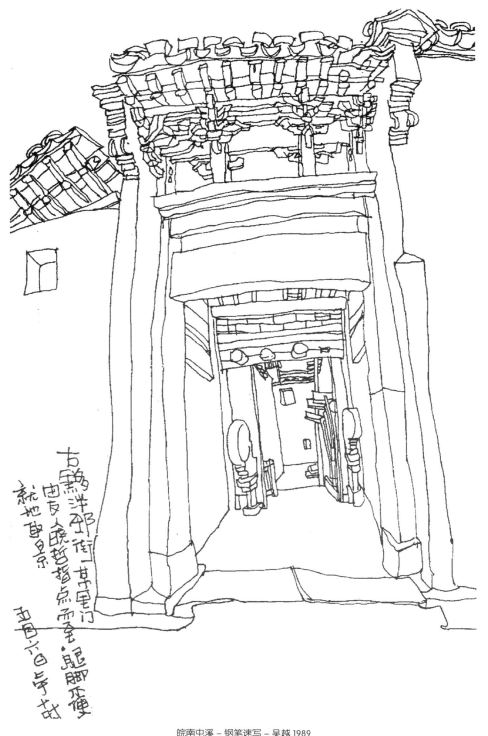

皖南屯溪 – 钢笔速写 – 吴越 1989
（发表于《建筑师》第 37 期封面）

之三：大师草图
——不只是草图，也是思想

我在读书期间，十分着迷于现代主义大师柯布西耶的设计和他的手绘草图，只是反复翻印次数多了，便不再能看到铅笔丰富的中间影调。后来我赴美攻读博士学位期间，在哈佛广场的旧书店里，偶然发现了他的仅仅手掌大小的《东方之旅》笔记本的等比例影印册，才看到了他栩栩如生的速写札记。许多是寥寥几笔的铅笔草图，偶尔也会彩铅设色，书中有他看到古希腊古罗马遗迹的巨大震撼和极为丰富的启发感想。它的整体性是被编辑肢解后孤立的图幅无法比拟的。可以说改变柯布西耶的东方之旅，事实上也改变了现代主义建筑的走向。后来我所修的绘画课教室就位于柯布西耶在北美仅有的两个作品之一、建于1963年的哈佛大学卡朋特视觉艺术中心（Carpenter Center for Visual Arts）。我常常出入于这座"老"建筑，却总有新的体验。一条曲线的坡道穿过建筑将昆西街和普拉斯哥特街联系在一起，这条著名的坡道意在让所有行人穿越中心进而感受艺术的影响。坡道的设计分明可以看到手绘的痕迹，直线与曲线的过渡处理得极为舒服，这正是我们在他的立体主义画稿里常看到的线条。你可以感受到和今天通过电脑生成的曲线不一样的有机感。

手绘是与空间相关的形象思维不可分割的伴侣，透过大师的草图，我们触碰到了大师之手和大师的思想，也使我意识到手绘之于建筑的不可替代性。

进一步，我发现粗糙的、未完成的草图比精致的完成作品有更丰富的内涵。后来我在哈佛大学任教期间，有较多的时间待在学校的艺术博物馆中，戴着手套接触到了米开朗琪罗珍贵的铅笔手绘草图，比他在梵蒂冈圣彼得大教堂的完成品，更让人感到真实的构思过程，以及一种力量和温度，那是对于未被修饰的生动的意志更加朴素的表达。

虽然手绘是很原始的工具，其精确度可以被机器轻易超越，但是作为人脑和世界最重要的界面之一，它对手的训练，对于思维和创新潜力的挖掘作用无法估量。只要看一看在电影经典镜头背后的手绘场景，你就可以明白那才是真正的创新力的来源。

从某种意义上说，手绘的作用如同语言。当我们观察儿童在成长的过程中学习难度很大的动作，以及语言学习过程，我们便不难明白，这也是他们大脑神经成长的一部分。这也是为什么教育越来越重视动手能力。广义上说，手绘也是一种动手能力的训练。它的真正价值不在于手绘作品本身的完美性，而在于手绘和大脑思维的密切而微妙的互动作用。

哈佛大学卡朋特视觉艺术中心画室 – 炭条速写 – 吴越 1999

之四：关于本书
——不只有过去，也有未来

**本**丛书中《手绘建筑基础作业图存》《手绘建筑设计作业图存》《手绘普陀山古建筑测绘底图存稿》所收录的作业涵盖了从浙江大学建筑系第一届1956级到2009级每一届同学的作品。

**浙**江大学建筑系陈帆老师、李文驹老师是我当年在浙江大学读本科时候的同班同学，他们一直在浙江大学执教，对母校充满了感情，为本书的整理编撰做了主要的工作。感谢资料室历任老师多年来认真保存了大量的纸质资料，使得今天的出版成为可能。也要感谢建筑系研究生吴婧一和詹育泓两位同学所做的认真工作和贡献。

**出**版本丛书的本意，一方面是为了整理和保存珍贵而脆弱的纸质手绘留系作业，向前辈师长表达敬意，为后学保护历史传承；另一方面也是在当前数字化背景下严肃探讨建筑及设计思维本质的努力。

**广**义的手绘显然超出了建筑制图的直接目的，而涉及人的生物特性、神经的学习记忆规律、建筑设计的创新力培育等更为重要的方面。尽管人类在人工智能方面有了初步探索，我们对自身的认知还十分有局限性。现代艺术跳出技能的狭义边界，越来越强调创新性和思想性，人类也认识到设计的本质是创新性地解决问题的能力。从这方面说，手绘的作用潜力巨大。因此，在我们拥抱时代的数字化变革的同时，也需要重新评估手绘建筑这一古老的专业传统，平衡发展理性逻辑能力和感性的创新力，使建筑这一古老的专业在未来发挥重要的、创新素质培育的使命。

**手**绘不只有过去，也可以有未来。

印度安哥拉堡 – 炭条速写 – 吴越 2009

# 目录

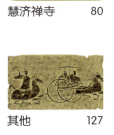

# 引言

## 陈帆

自20世纪30年代始，以先师梁思成、刘敦桢为代表的前辈学者开创了中国古建筑立足实测之本的研究方法，特别是先师梁、刘担纲的中国营造学社秉持这一根本之法，短短数年间，调查了大量各类古建筑，绘制测绘图稿近两千张，为中国建筑史研究、中国古建筑保护与研究做出了巨大贡献。之后先师梁、刘分别执清华大学和中央大学之教鞭，古建筑测绘逐步成为各大院校建筑学专业必修课程并延续至今。

中国古建筑测绘图的重要价值不言而喻，一是真实记录历史信息，二是忠实传递历史信息，三是朴实呈现历史信息……其实古建筑测绘图本身就极具审美价值，完全可以成为独立的审美对象，特别是手绘图年代留存下来的古建筑测绘过程图纸，蕴含着特别的韵味，散发着独特的魅力，堪比绘画之素描速写，笔走龙蛇之间，古建筑神采已跃然纸上；谈笑风生之时，古建筑神韵已尽现图中。

本书收集的普陀山古建筑测绘底图是完成正图前的所谓"正图草底"。此批测绘底图得以重见天日完全是"整理系故"时的偶然发现，从束之高阁到现身江湖，须臾30余年，弹指一挥间。这些测绘底图蒙尘多年，多有散失，但细而观之，仍不失精耕细作之功力、工草兼备之风韵，其独到之品貌足以令人惊叹，假以时日，垂垂老矣之底图，可否登堂入室，归于经典？

法雨禅寺
总平面图
测绘：1982 级　吴越　殷农　荆延武
绘图：1982 级　吴越

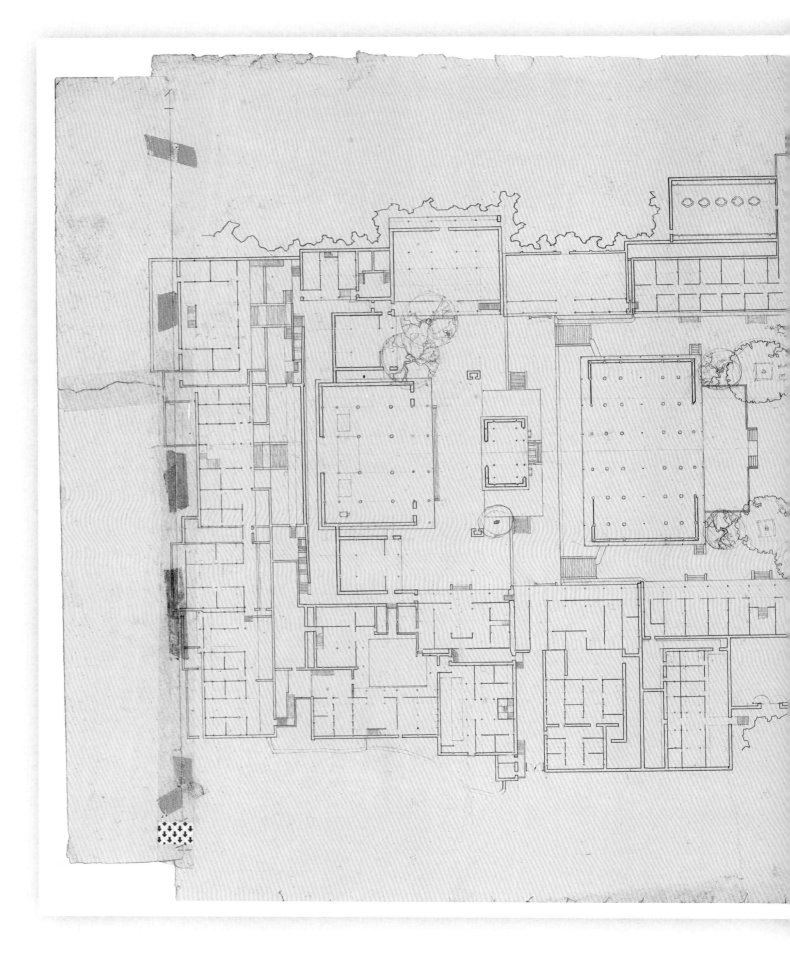

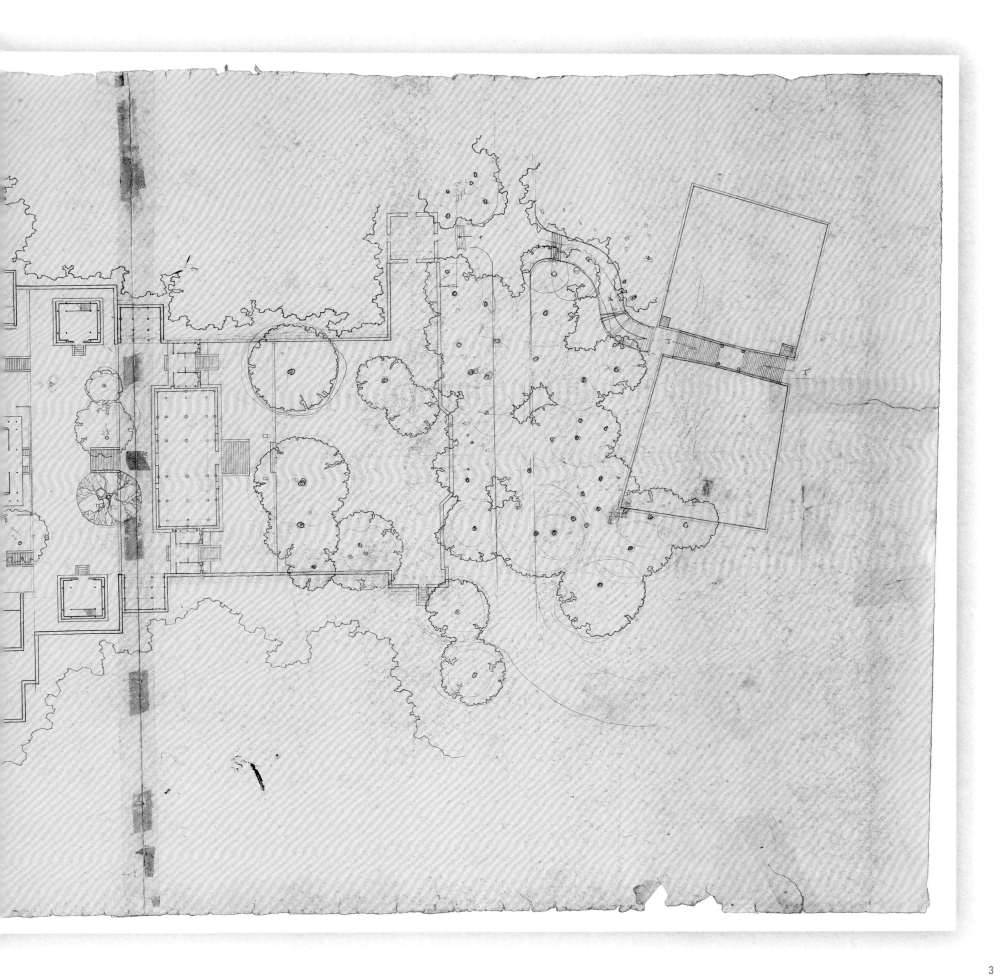

3

法雨禅寺
总剖面图
测绘及绘图：1982 级　吴越　殷农
荆延武

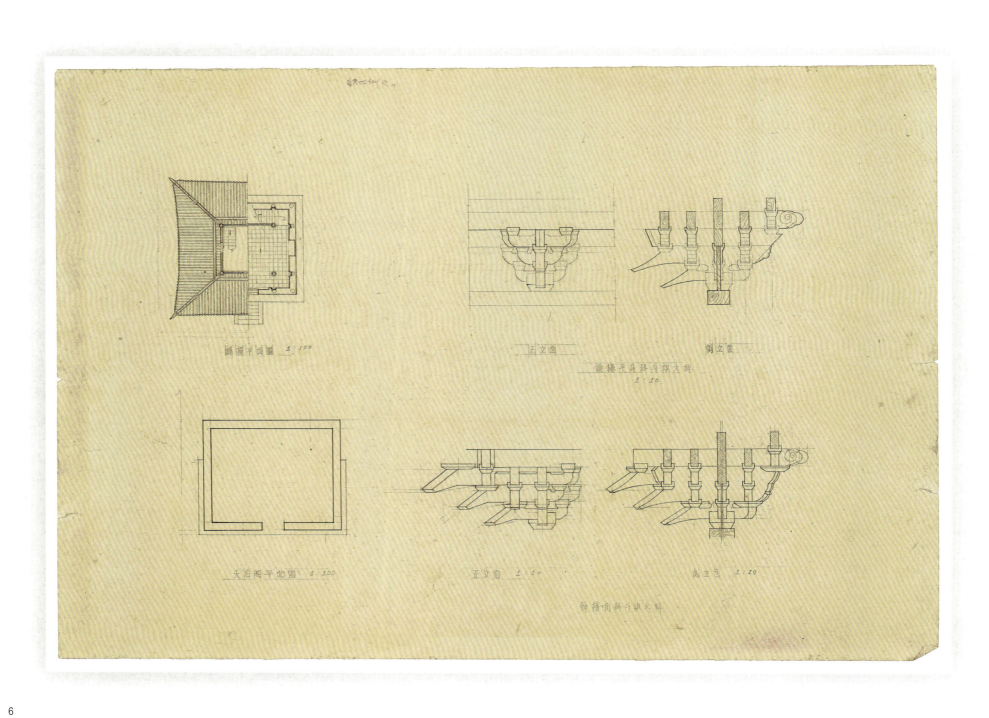

法雨禅寺钟楼
正立面图　侧剖面图
测绘及绘图：1982 级
赵淑艳　林楠　周科

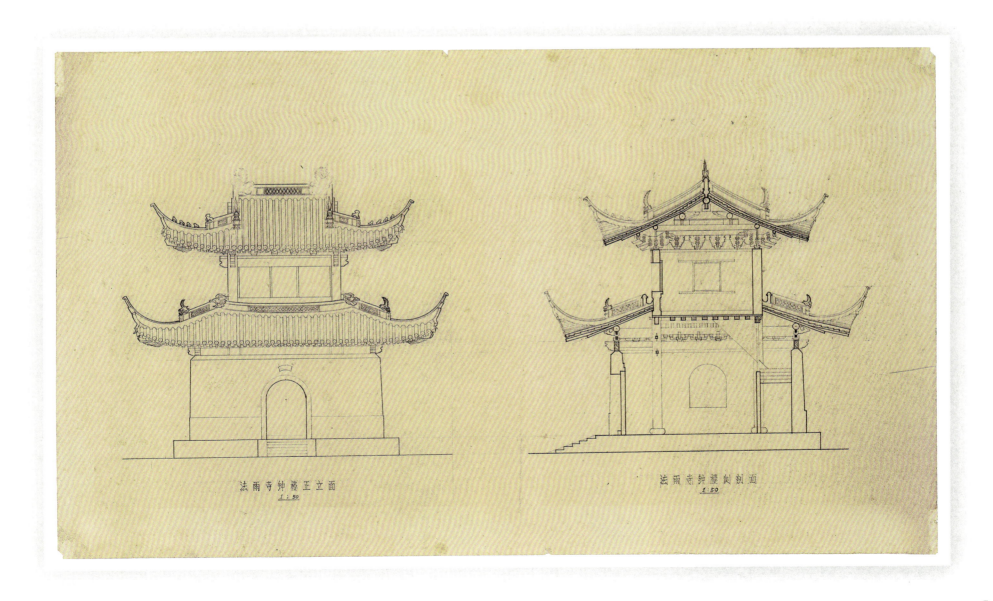

法雨寺钟楼正立面
1：50

法雨寺钟楼侧剖面
1：50

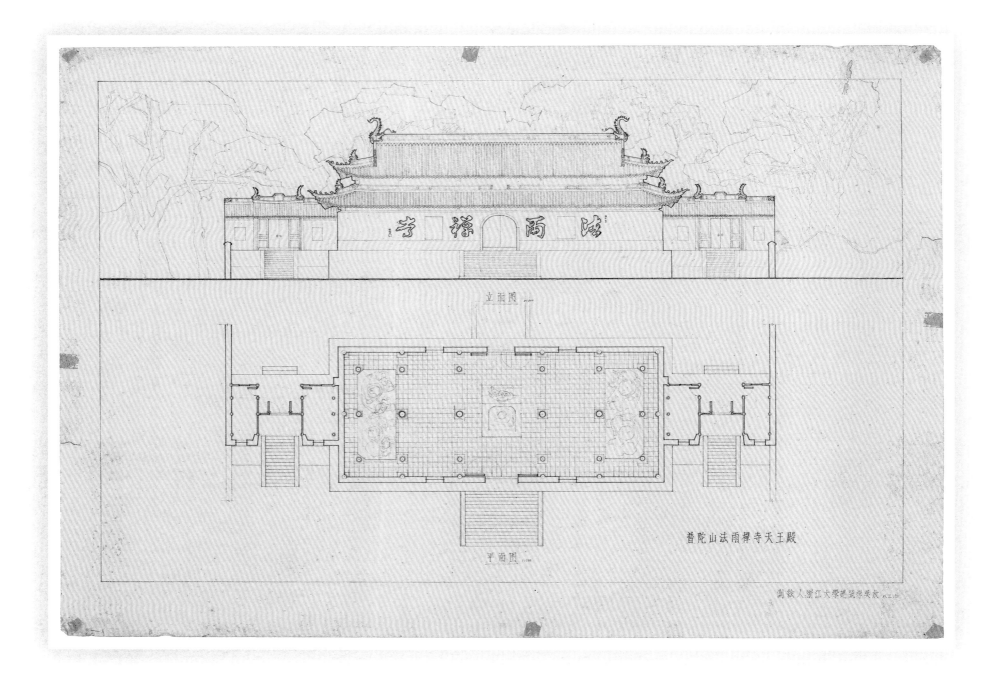

法雨禅寺天王殿
平面图　正立面图
测绘：1982级　吴放
汤泽荣　谢克明
绘图：1982级　吴放

法雨禅寺

立面图

平面图

普陀山法雨禅寺天王殿

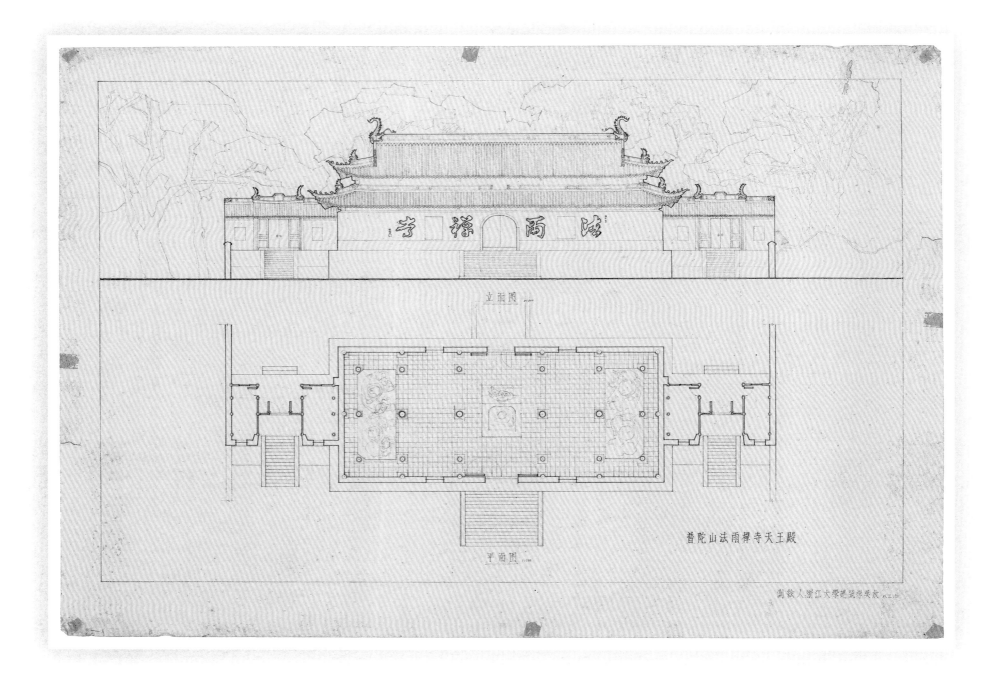

法雨禅寺天王殿
侧立面图
测绘：1982级　吴放
汤泽荣　谢克明
绘图：1982级　汤泽荣

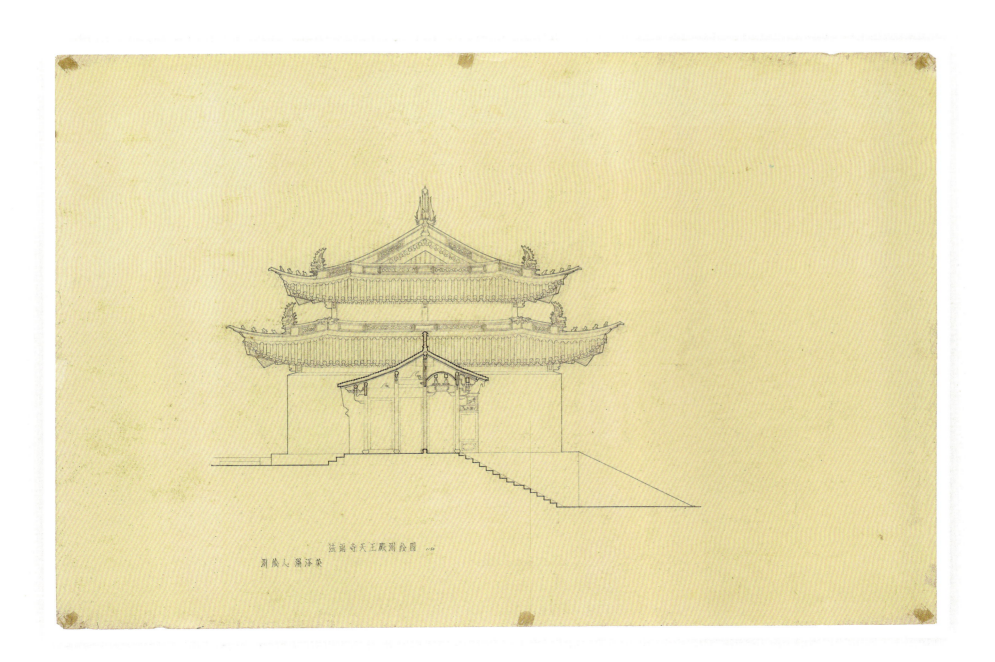

法雨寺天王殿测绘图 1:50

测绘人 汤泽荣

法雨禅寺天王殿
剖面图
测绘：1982级　吴放
汤泽荣　谢克明
绘图：1982级　吴放

法雨寺天王殿剖面图

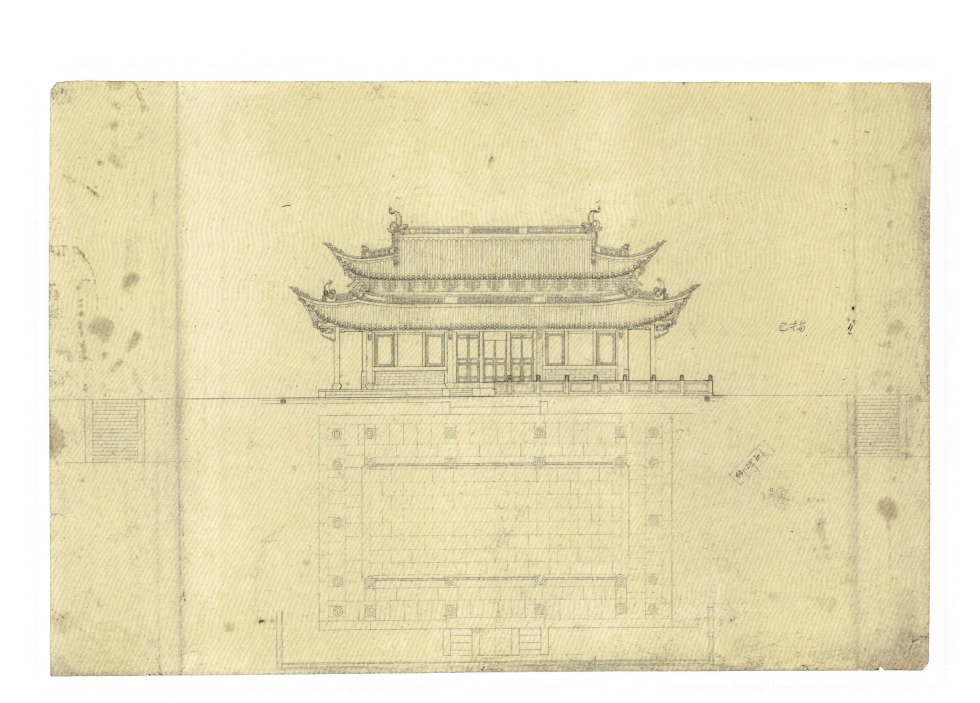

法雨禅寺玉佛殿
侧立面图
测绘：1982级　李槟
　　　郑海滨　陈帆
绘图：1982级　陈帆

法雨禅寺玉佛殿
剖面图
测绘：1982级　李槟
　　　郑海滨　陈帆
绘图：1982级　郑海滨

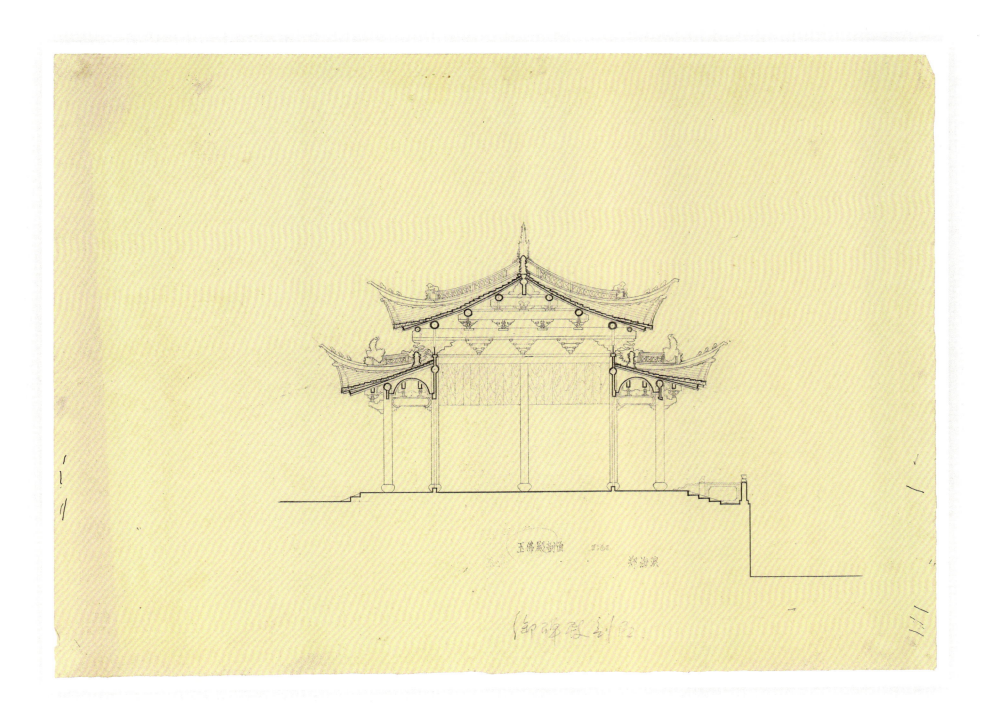

玉佛殿剖面　　鄭海濱

御碑殿剖面

法雨禅寺圆通殿
平面图
测绘：1981级 李雪琳
　　许晓冬 董丹申 胡斌
绘图：许一帆 徐毅
绘图：1981级 徐毅

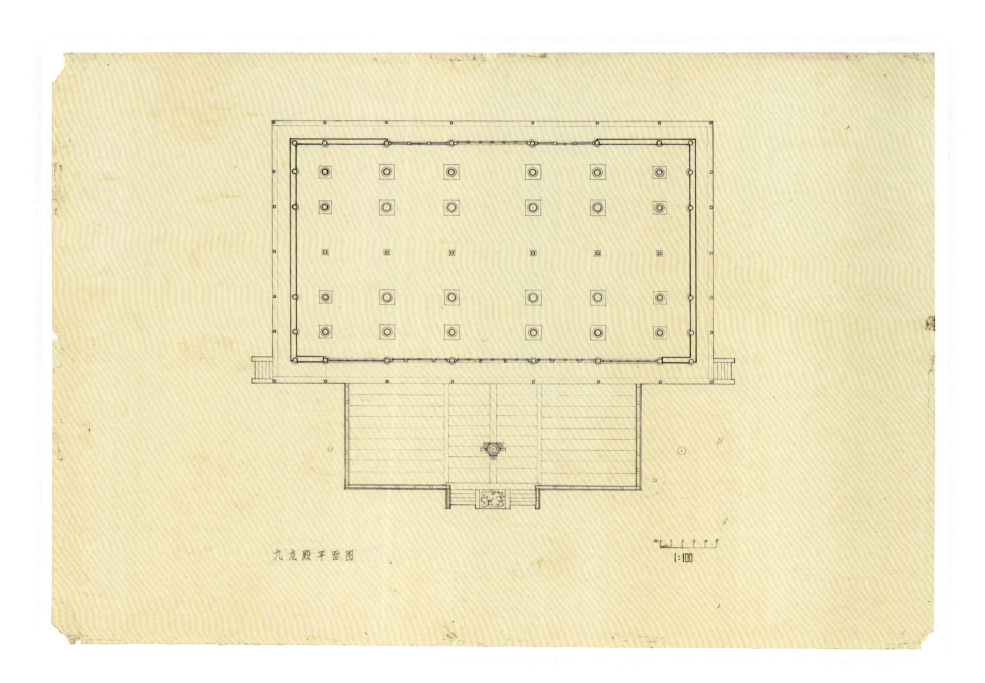

九龙殿平面图

1:100

法雨禅寺圆通殿
正立面图

测绘：1981级 李雪琳
许晓冬 董丹申 胡斌
许一帆 徐毅
绘图：1981级 李雪琳

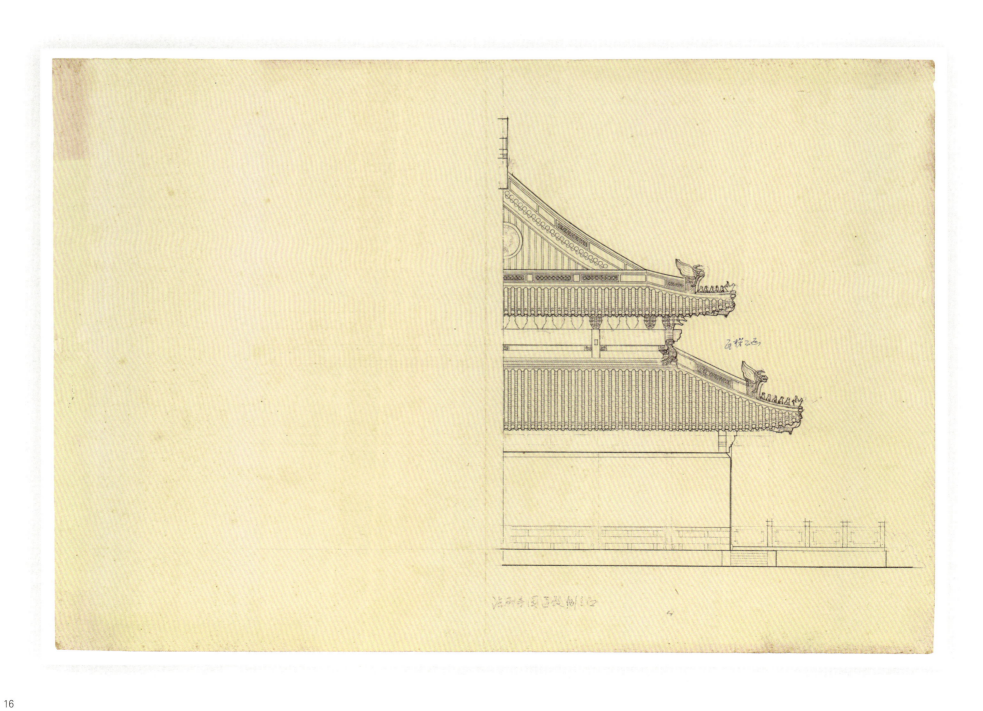

法雨禅寺圆通殿
侧立面图
测绘：1981级 李雪琳
许晓冬 董丹申 胡斌
许一帆 徐毅
绘图：1981级 李雪琳

法雨禅寺圆通殿

横剖面图

测绘：1981级　李雪琳

许晓冬　董丹申　胡斌

许一帆　徐毅

绘图：1981级　许一帆

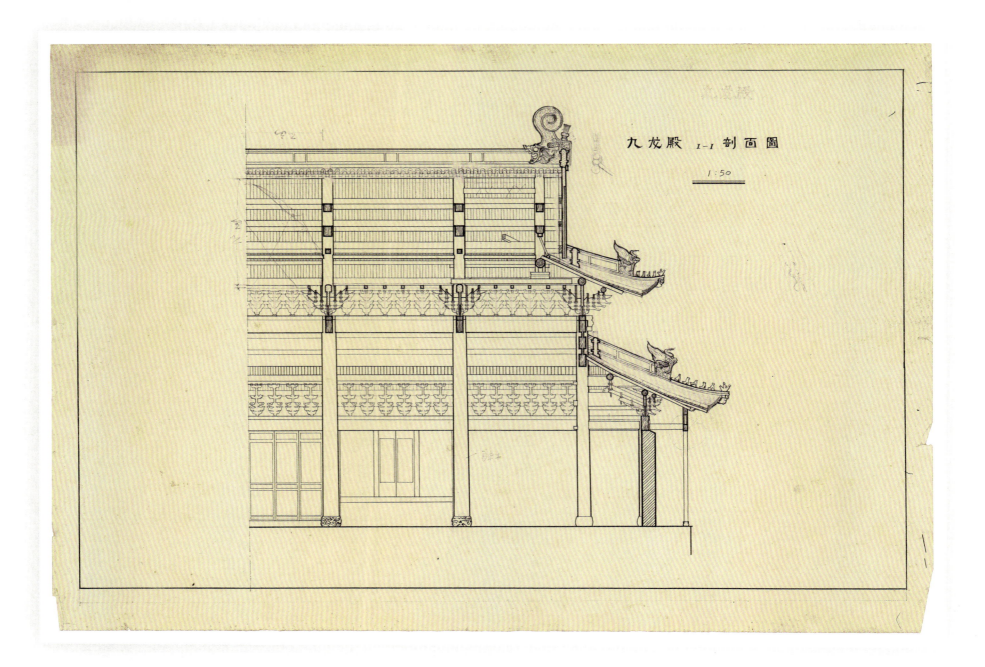

法雨禅寺圆通殿
纵剖面图
测绘：1981级 李雪琳
　　　许晓冬 董丹申 胡斌
　　　许一帆 徐毅
绘图：1981级 许晓冬

九龙殿 I-I 剖面圖

1:50

法雨禅寺圆通殿
九龙藻井仰视平面图
测绘及绘图：1981 级
李雪琳　许晓冬　董丹申
胡斌　许一帆　徐毅

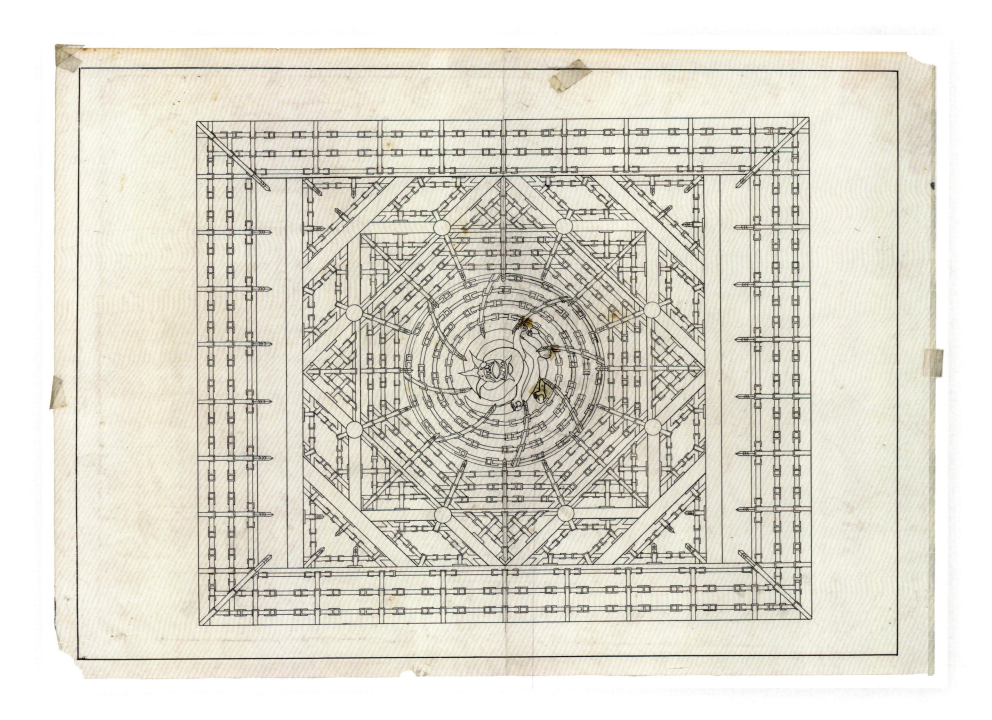

法雨寺圆通殿隔扇细部大样

法雨禅寺万寿御碑殿
剖面图 平面图
测绘：1982级 闫平
朱雪梅 张克明
剖面绘图：1982级 朱雪梅
平面绘图：1982级 张克明

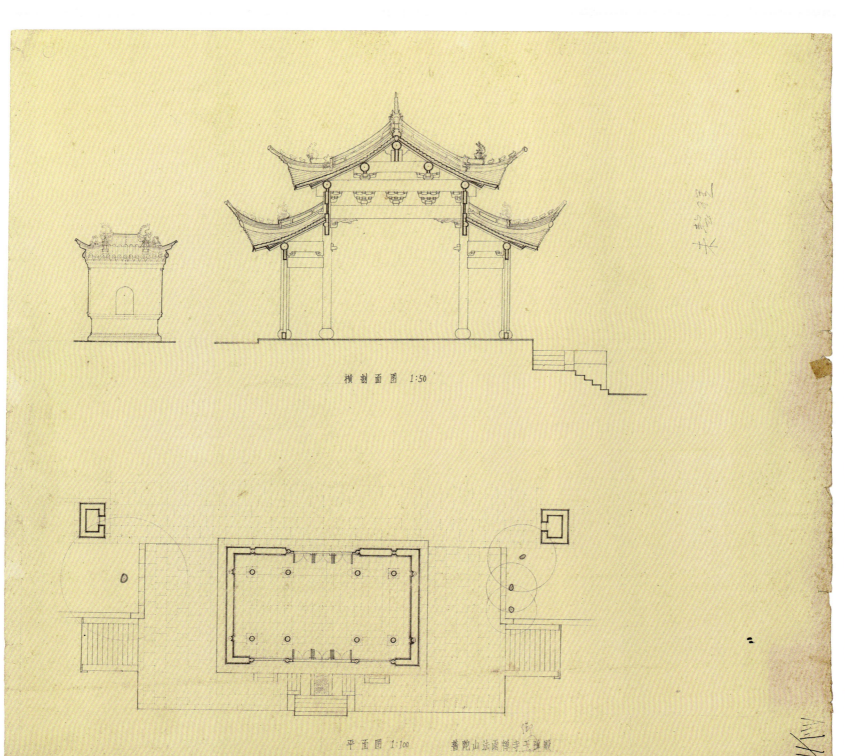

横剖面图 1:50

平面图 1:100　普陀山法雨禅寺玉佛殿

法雨禅寺大雄宝殿
正立面图
测绘及绘图：1980 级
吴文冰　刘辉　李镇国
王辛　钱萃阳　邵峰

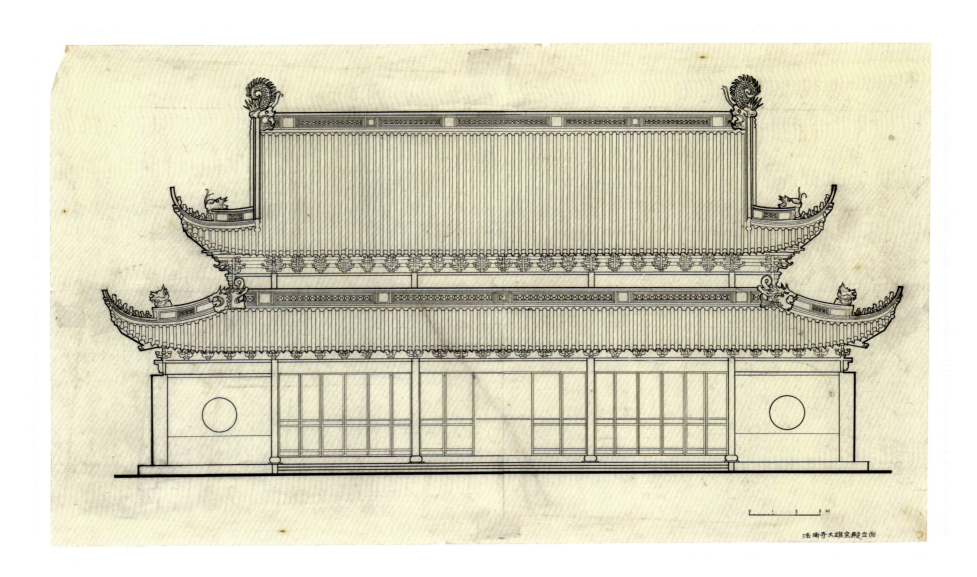

法雨寺大雄宝殿立面

法雨禅寺大雄宝殿
侧立面图
测绘及绘图：1980级
吴文冰　刘辉　李镇国
王辛　钱萃阳　邵峰

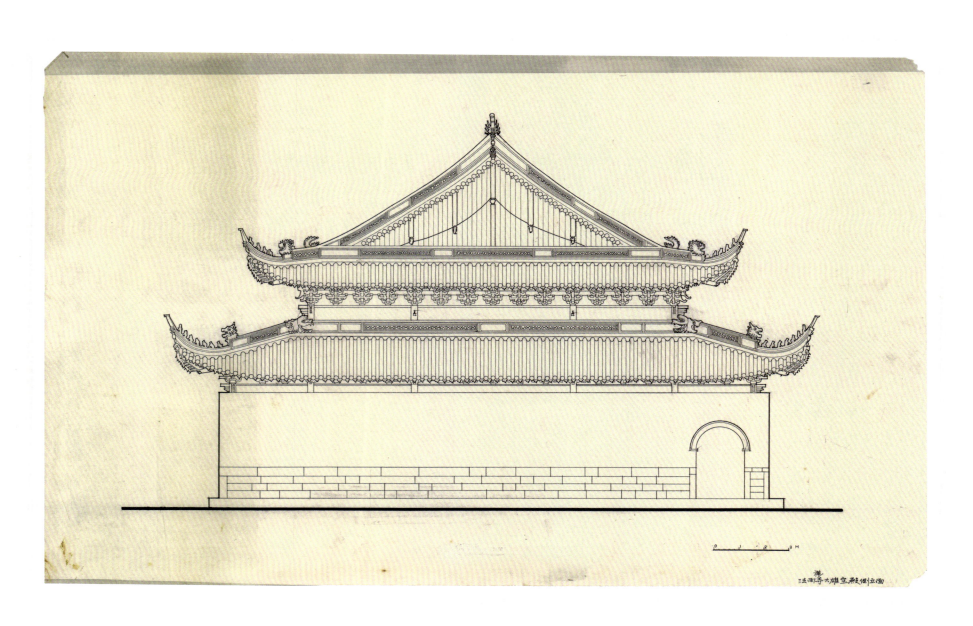

典藏

法雨禅寺大雄宝殿
横剖面图
测绘：1980级 吴文冰
刘辉 李镇国 王辛
钱萃阳 邵峰
绘图：1980级 吴文冰

南海普陀山法雨寺大雄宝殿剖视图　　1:50

法雨禅寺大雄宝殿
纵剖面图
测绘及绘图：1980 级
吴文冰　刘辉　李镇国
王辛　钱萃阳　邵峰

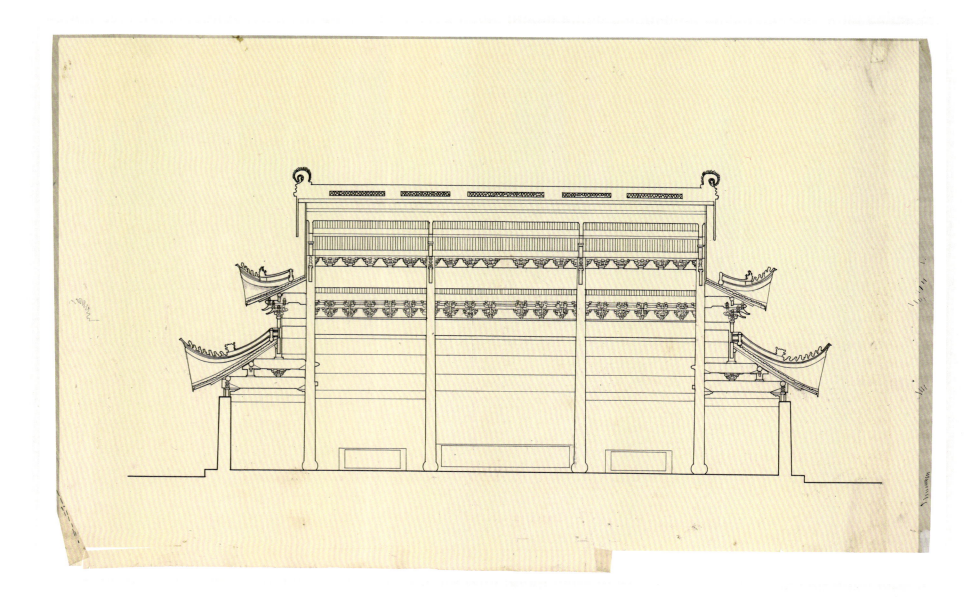

法雨禅寺藏经阁
正立面图 平面图
测绘：1982 级 薛蓓
赖建宇 程稷
绘图：1982 级 程稷

藏经楼正剖面

藏经楼平面图

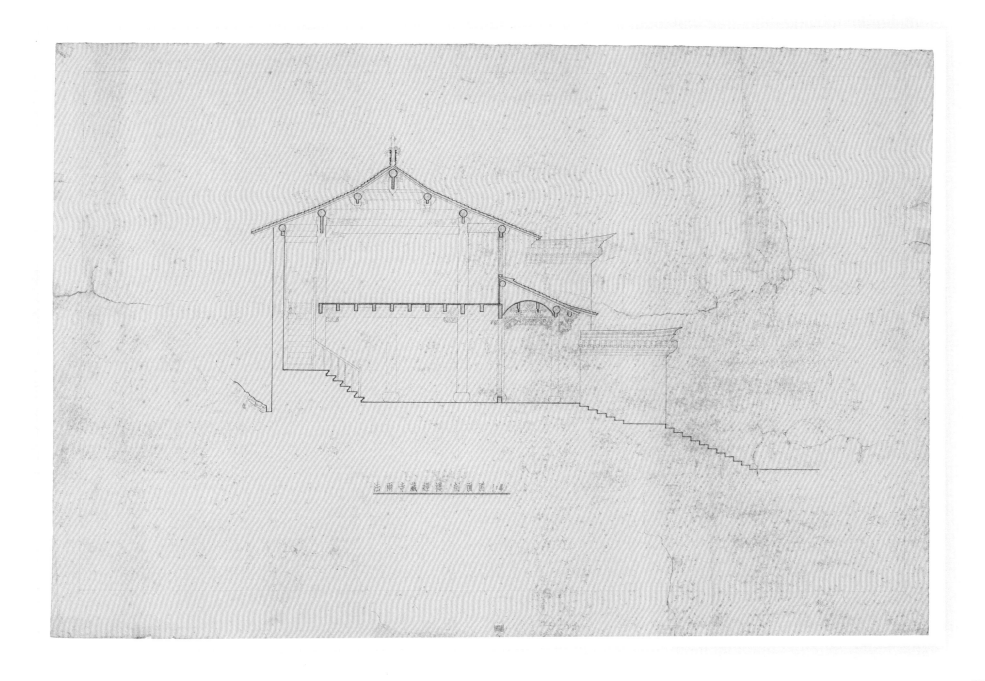

法雨寺藏经楼 剖面图 1:4

法雨禅寺斋堂
平面图　剖面图
测绘：1982 级　陈向阳　叶为胜
绘图：1982 级　叶为胜

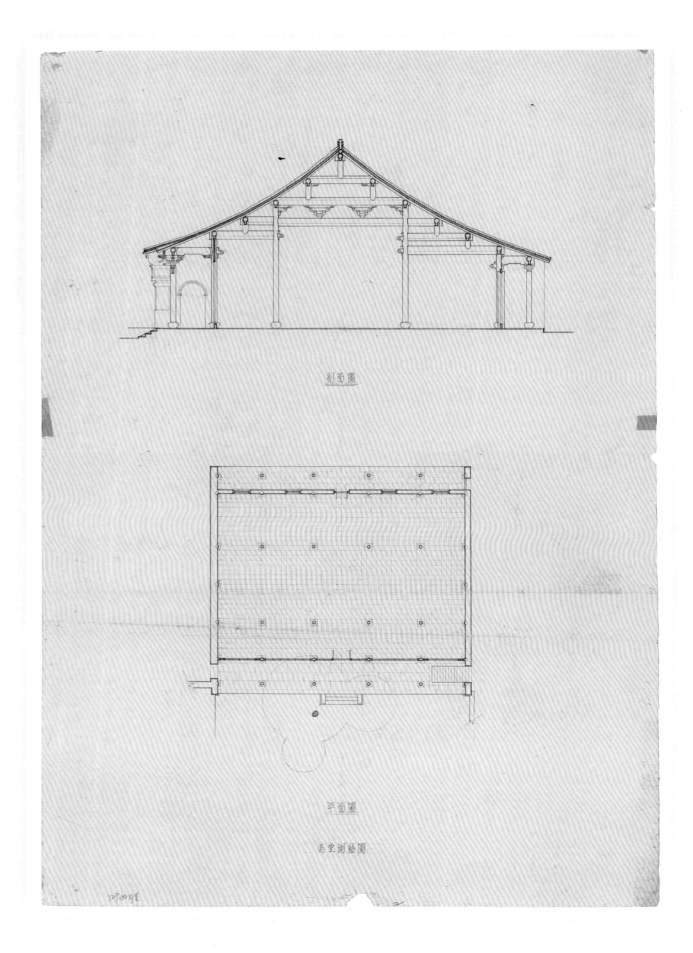

剖面图

平面图

斋堂测绘图

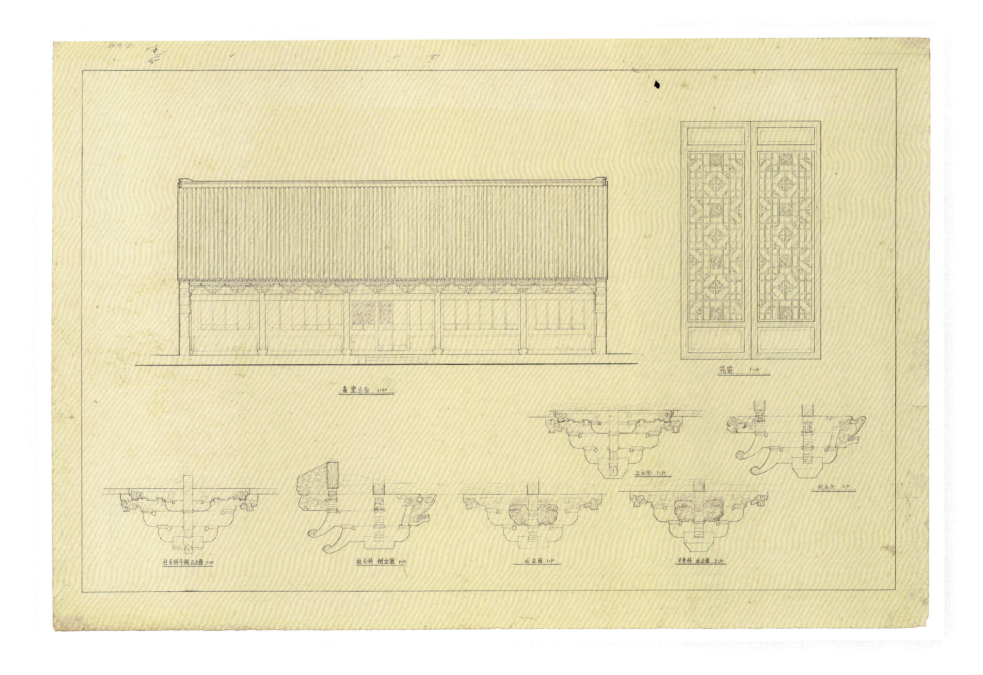

普济禅寺
总平面图南段
测绘及绘图：1981级　李金荣
曾繁柏　曾筠

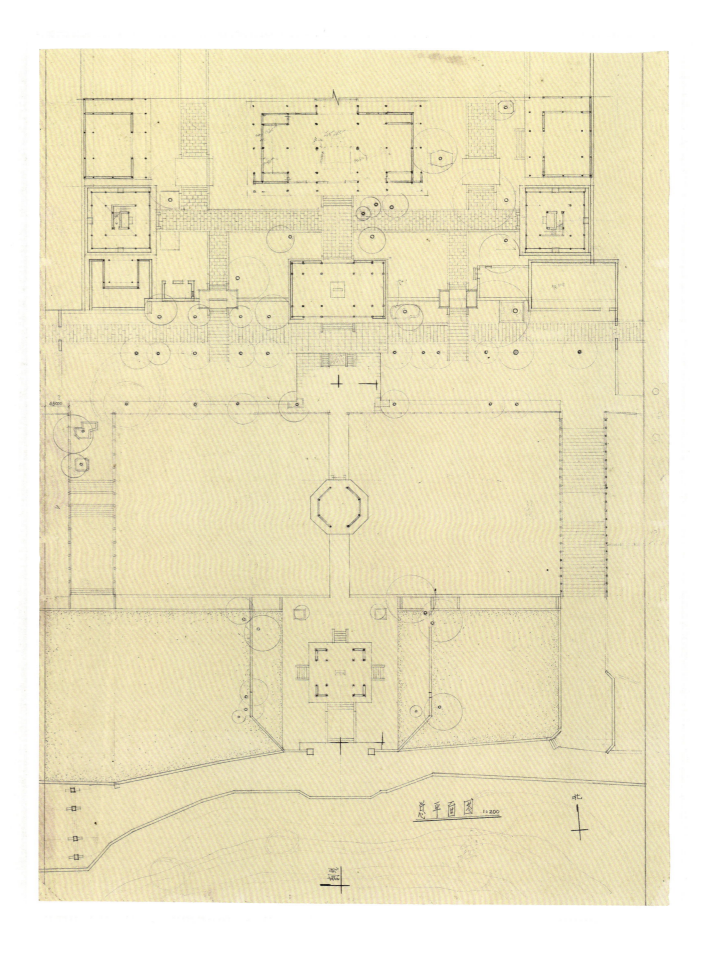

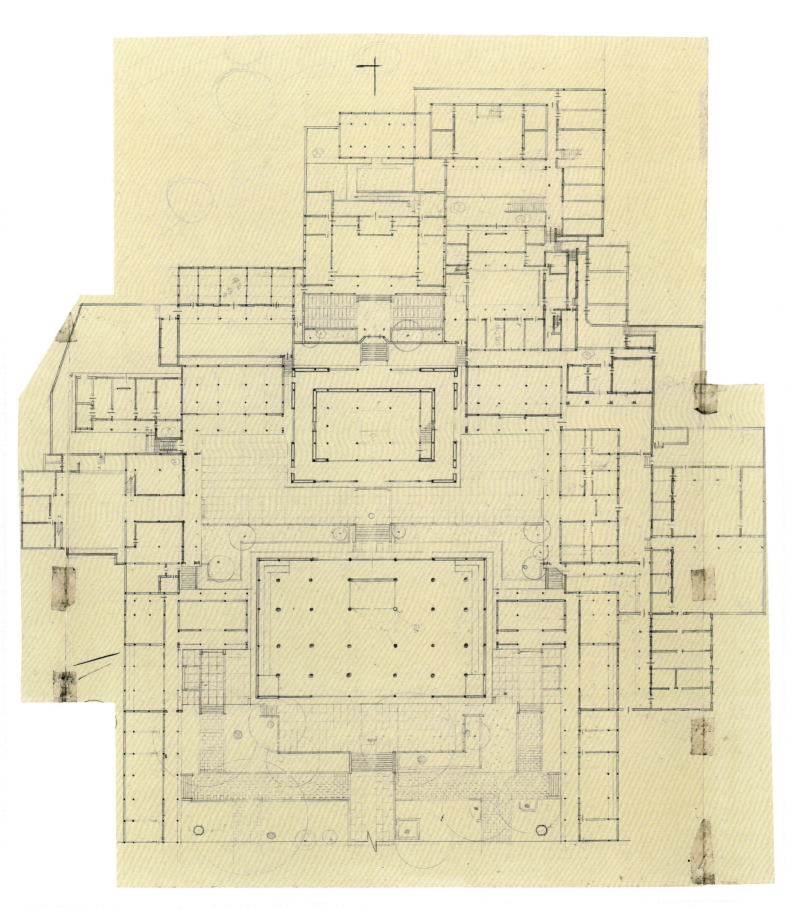

普济禅寺
总平面图北段
测绘及绘图：1981 级　李金荣
曾繁柏　曾筠

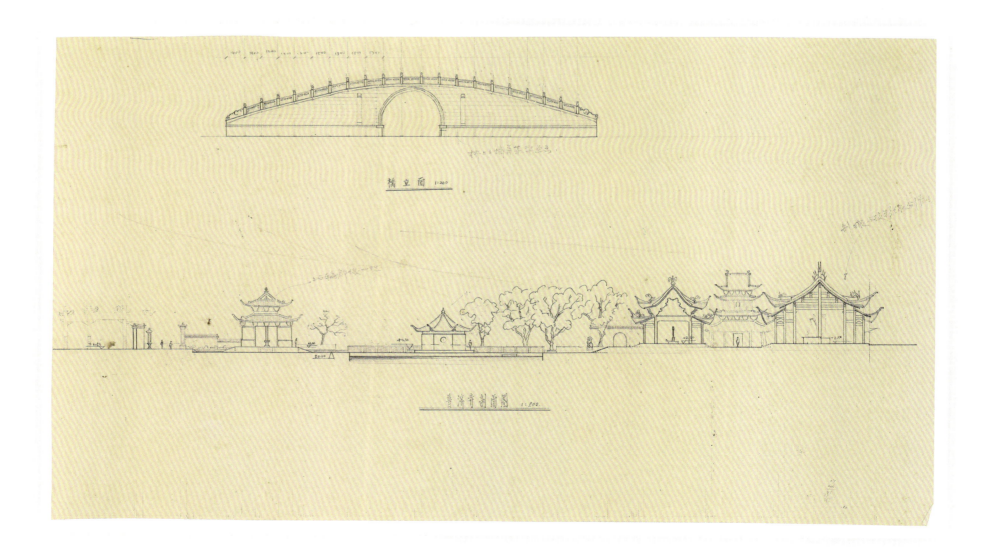

桥立面 1:200

普济寺剖面图 1:200

普济寺 纵剖面 1:200

普济禅寺御碑殿
平面图
测绘及绘图 · 1981 级
邵亚君　俞坚　王杰

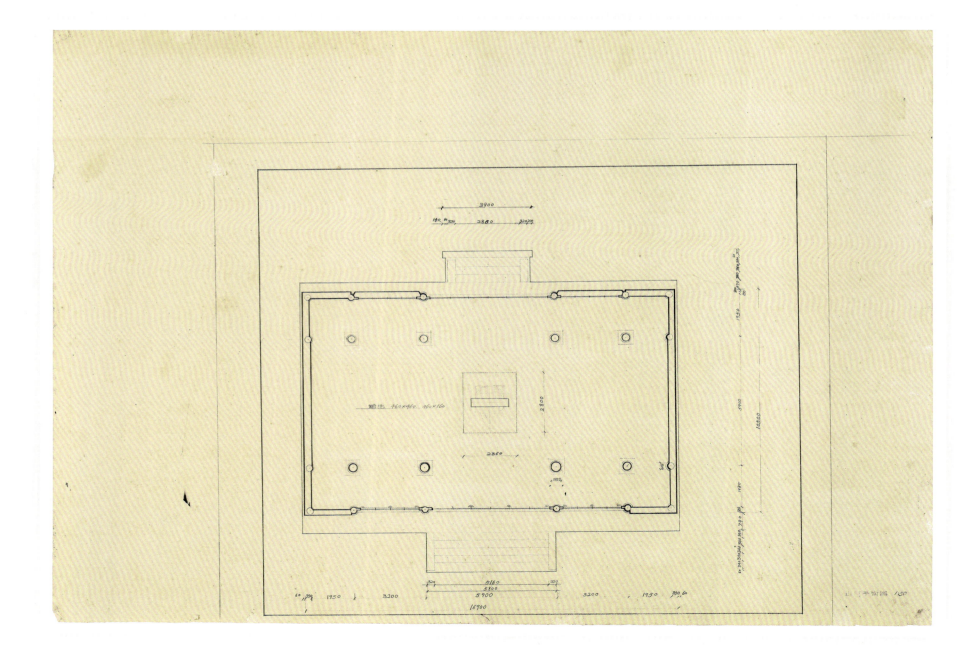

普济禅寺御碑殿
正立面图
测绘及绘图：1981 级
邵亚君 俞坚 王杰

正立面图
1:50

普济禅寺御碑殿
侧立面图
测绘及绘图：1981级
邵亚君　俞坚　王杰

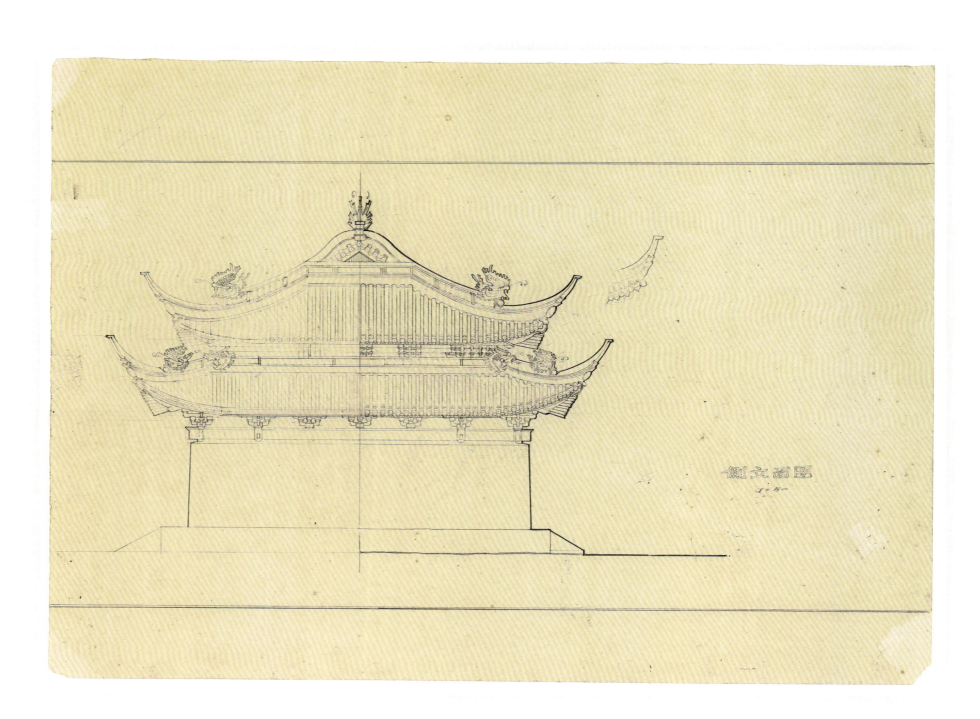

侧立面图
1:50

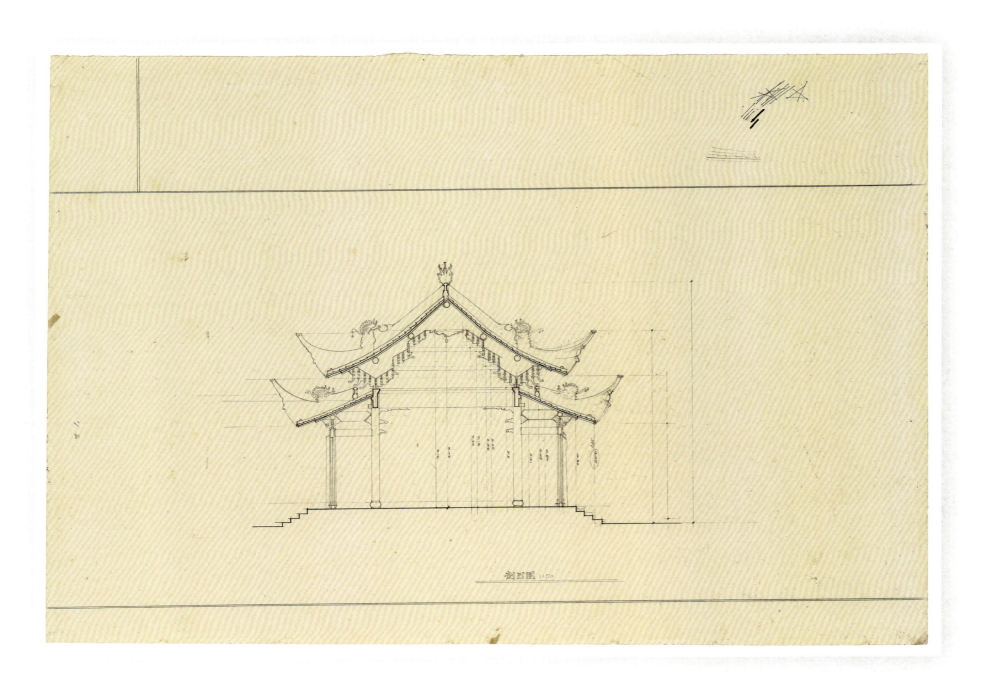

剖面图 1:50

普济禅寺御碑殿
屋顶仰视平面图
测绘及绘图：1981级
邵亚君　俞坚　王杰

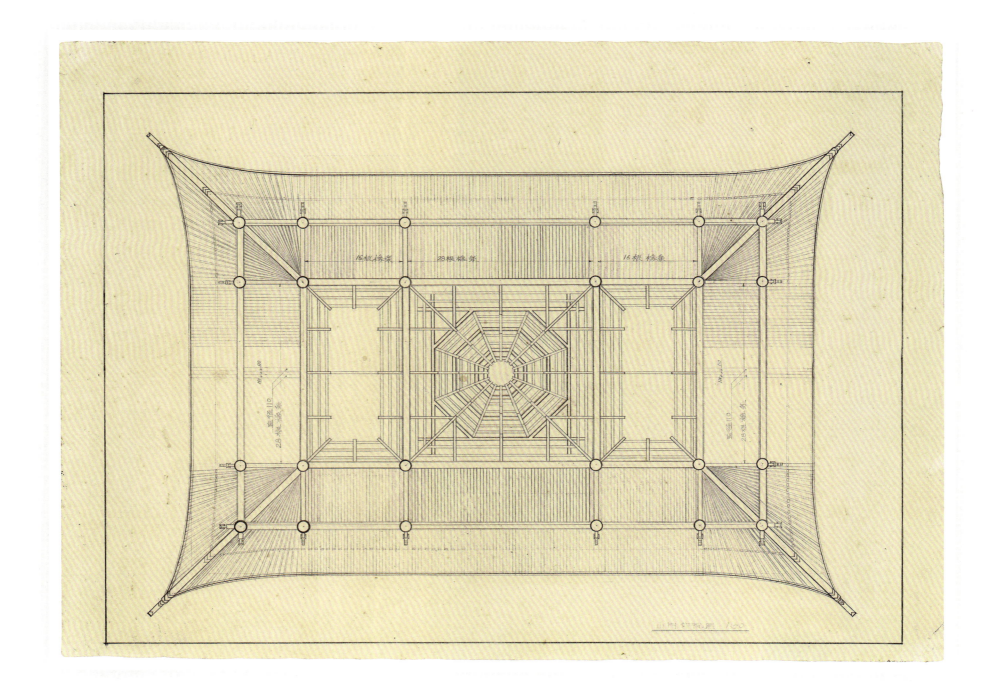

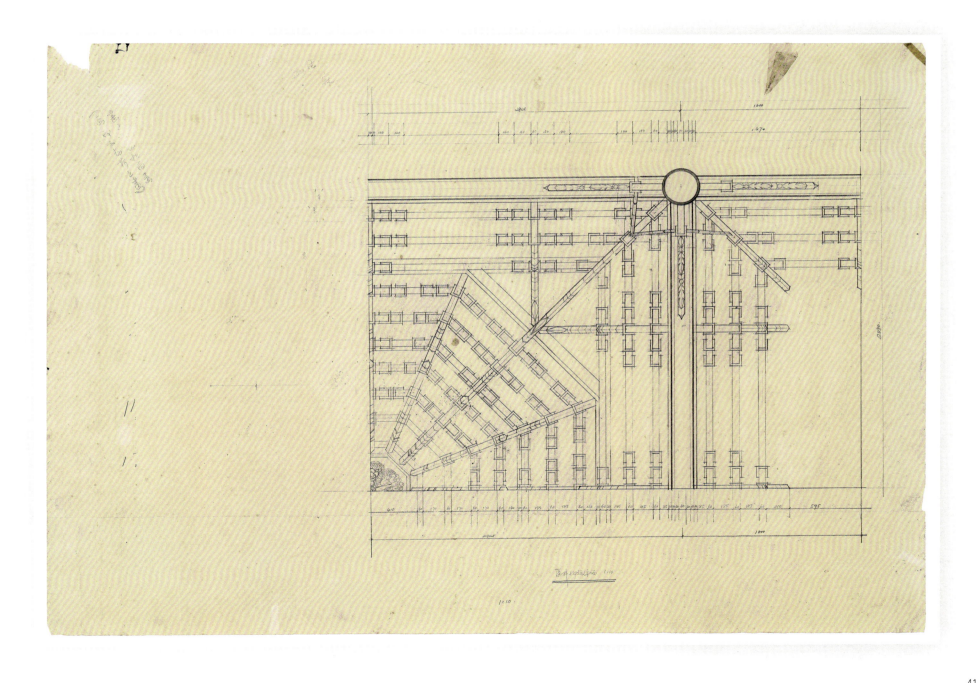

普济禅寺御碑殿
藻井剖面图
测绘及绘图：1981级
邵亚君 俞坚 王杰

藻井剖面图

I 1:50 I

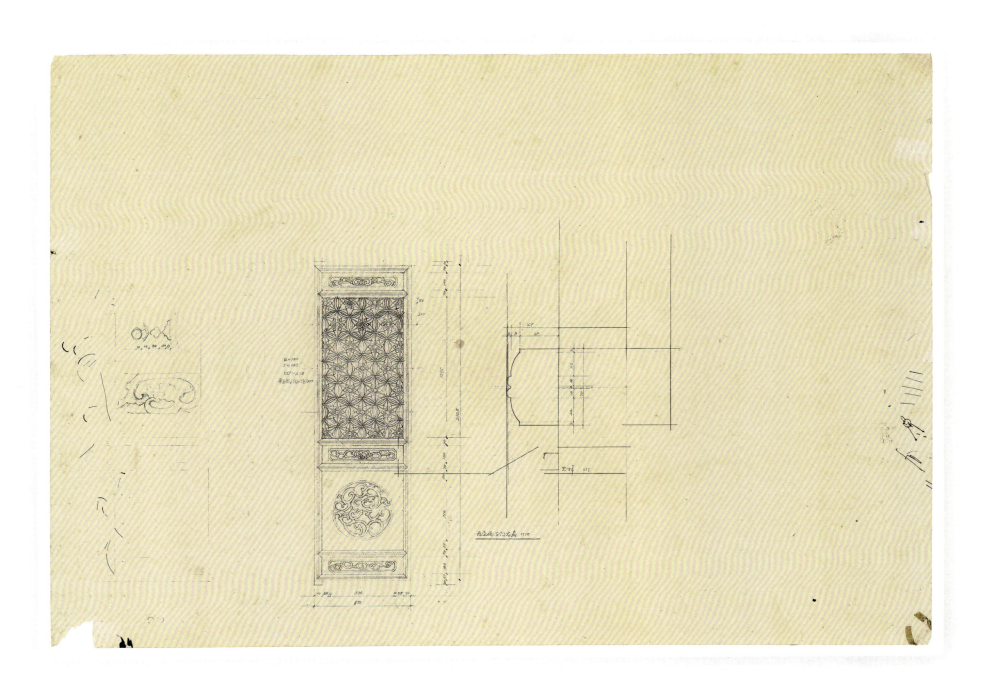

普济禅寺钟楼
一层平面图
测绘及绘图：1981 级　郭黎华
周颖　杨东明

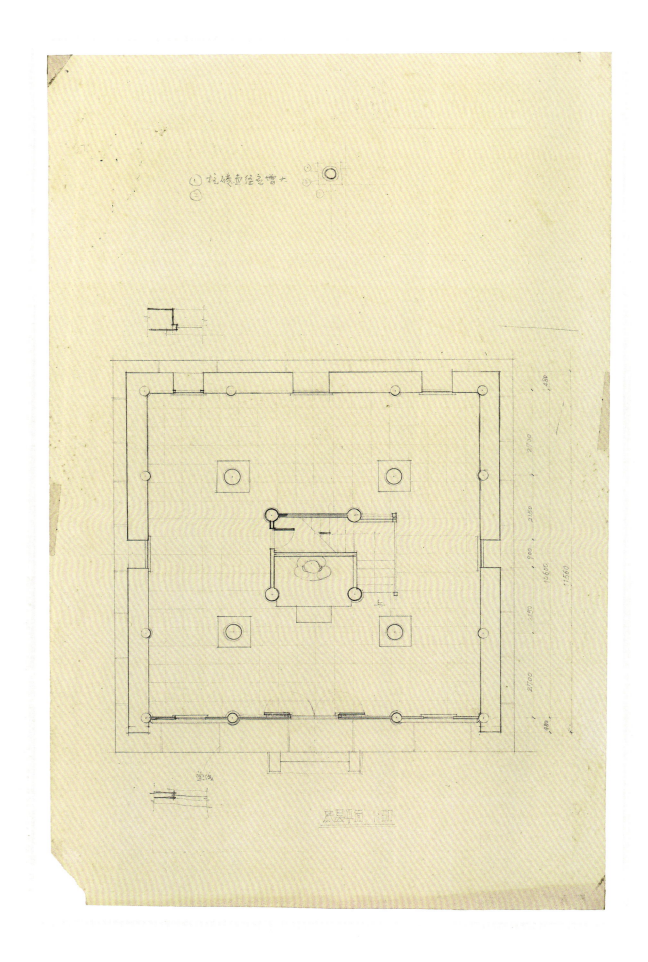

普济禅寺钟楼
剖面图
测绘及绘图：1981 级
郭黎华　周颖　杨东明

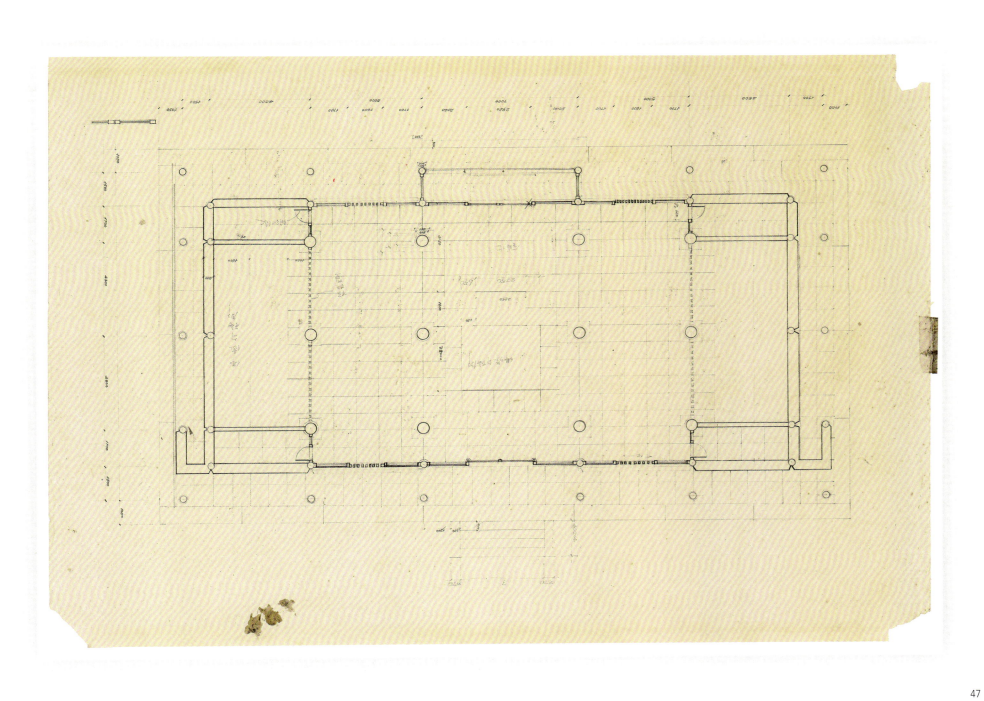

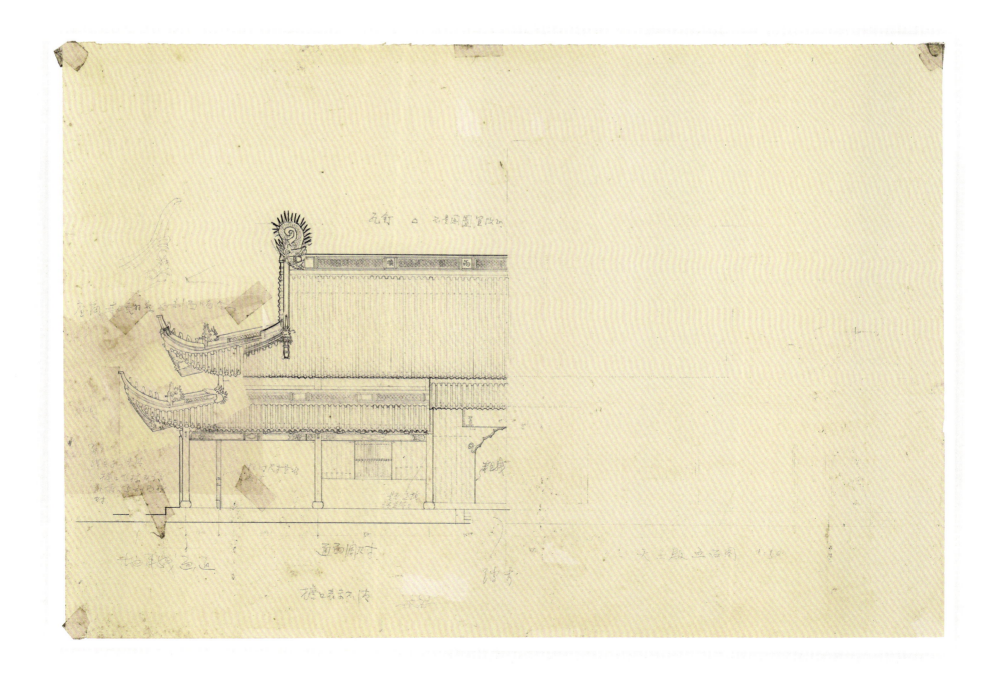

普济禅寺天王殿
正立面图2稿
测绘及绘图：1981级
赵倩　姚锐　胡斌

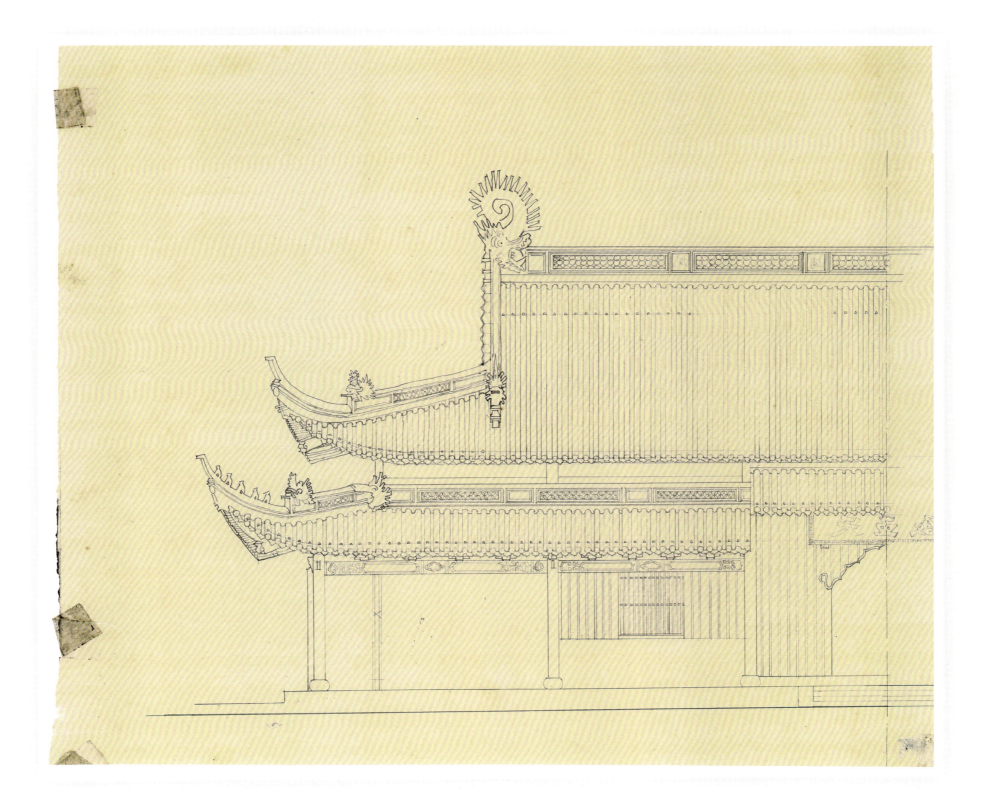

49

普济禅寺天王殿
侧立面图
测绘及绘图：1981级
赵倩　姚锐　胡斌

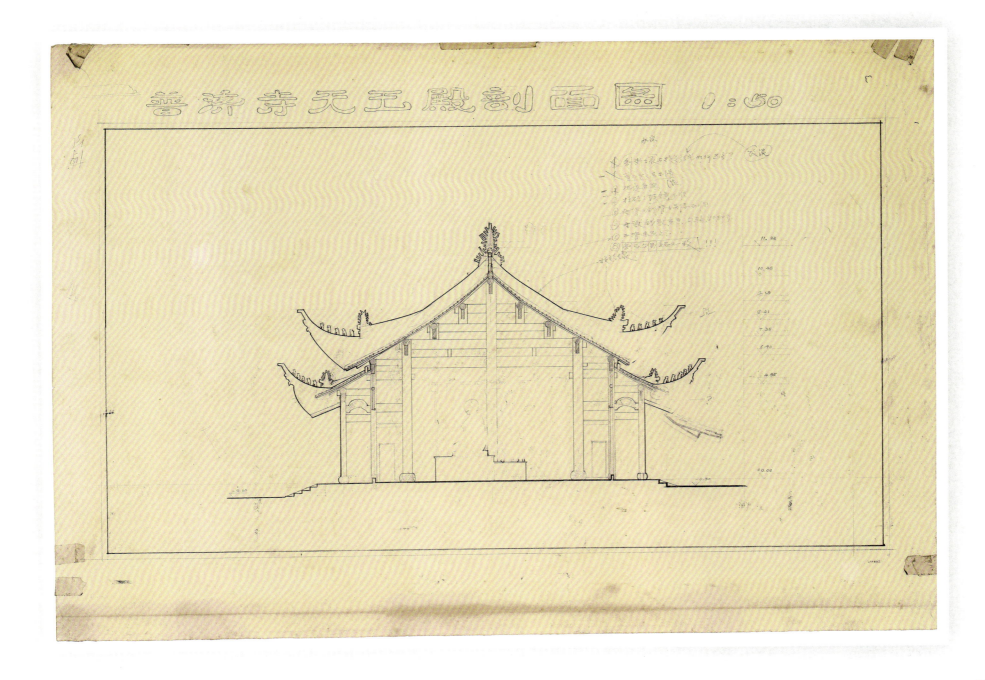

普济禅寺天王殿
屋顶仰视平面图
测绘及绘图：1981级
赵倩 姚锐 胡斌

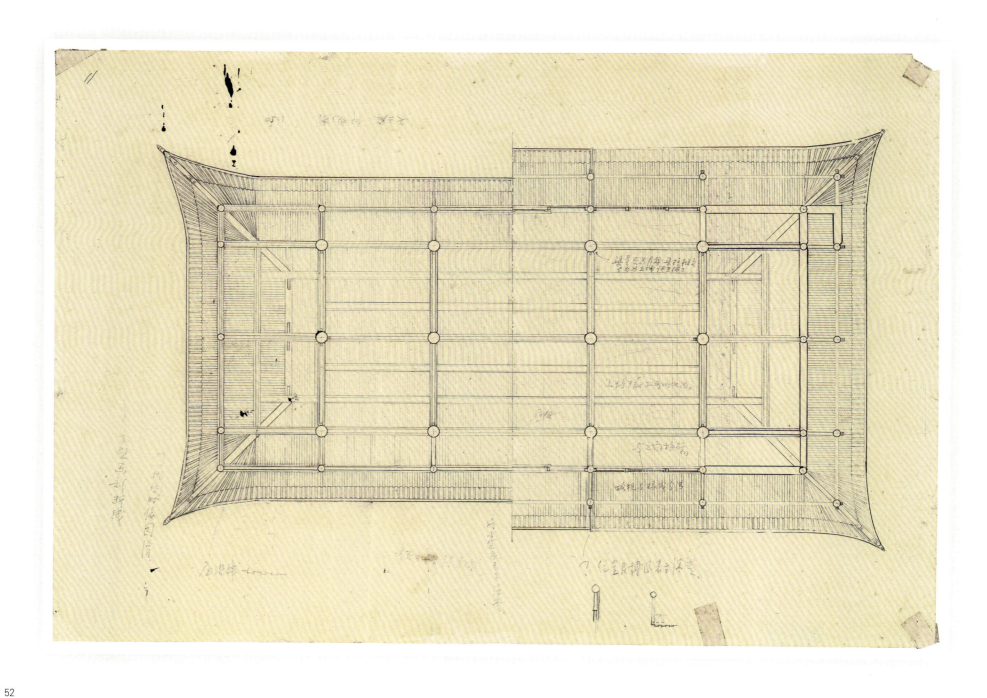

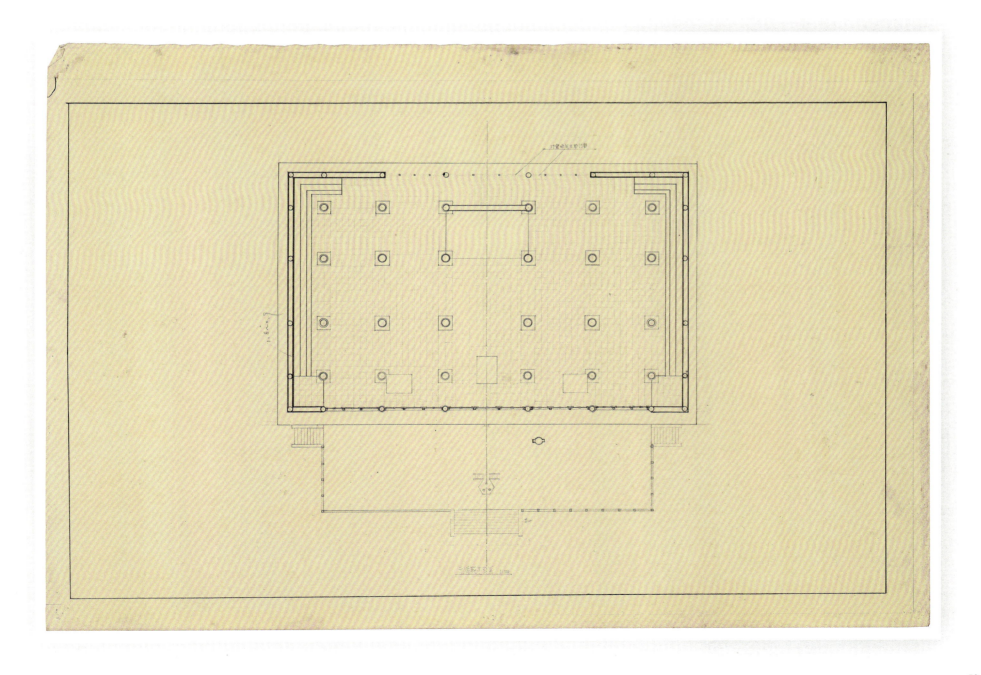

普济禅寺圆通殿
正立面图
测绘及绘图：1981级
李雪琳　董丹申　徐毅
许一帆

54

普济禅寺圆通殿
侧立面图
测绘及绘图：1981级
李雪琳　董丹申　徐毅
许一帆

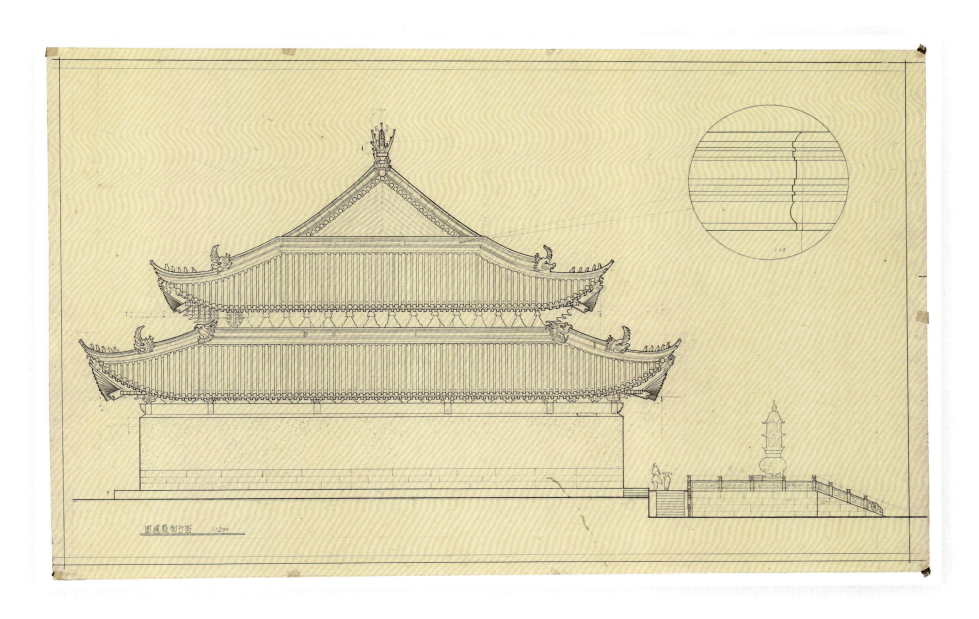

圆通殿侧立面图　1：200

16.47
14.92
13.43
12.16
11.06
9.89
6.32
5.37

1700 1700 1985 1700 1615 1675 1675 1675 1615 1615 1700 1985 1700 1700

3400　　　5300　　　6700　　　5300　　　3400

24100

普济禅寺圆通殿
屋顶局部仰视平面图
测绘及绘图：1981 级
李雪琳　董丹申　徐毅
许一帆

元通殿仰视平面图　1:50

普济禅寺圆通殿
屋顶平面图与仰视平面图
测绘及绘图：1981 级
李雪琳　董丹申　徐毅
许一帆

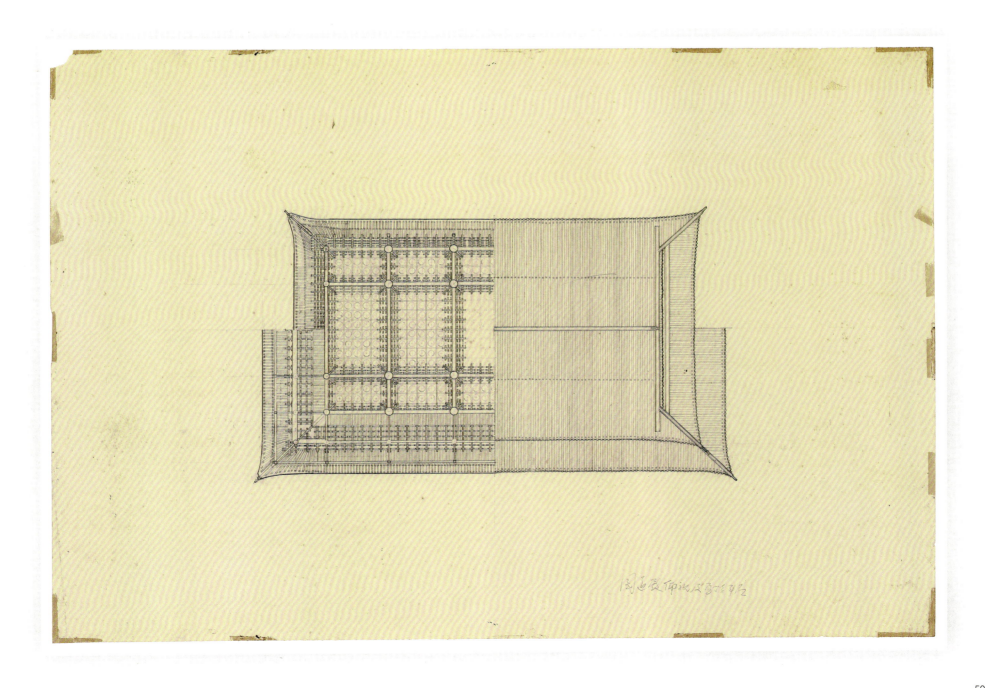

普济禅寺圆通殿
上檐平身科柱头科斗拱图
测绘及绘图：1981级
李雪琳　董丹申　徐毅
许一帆

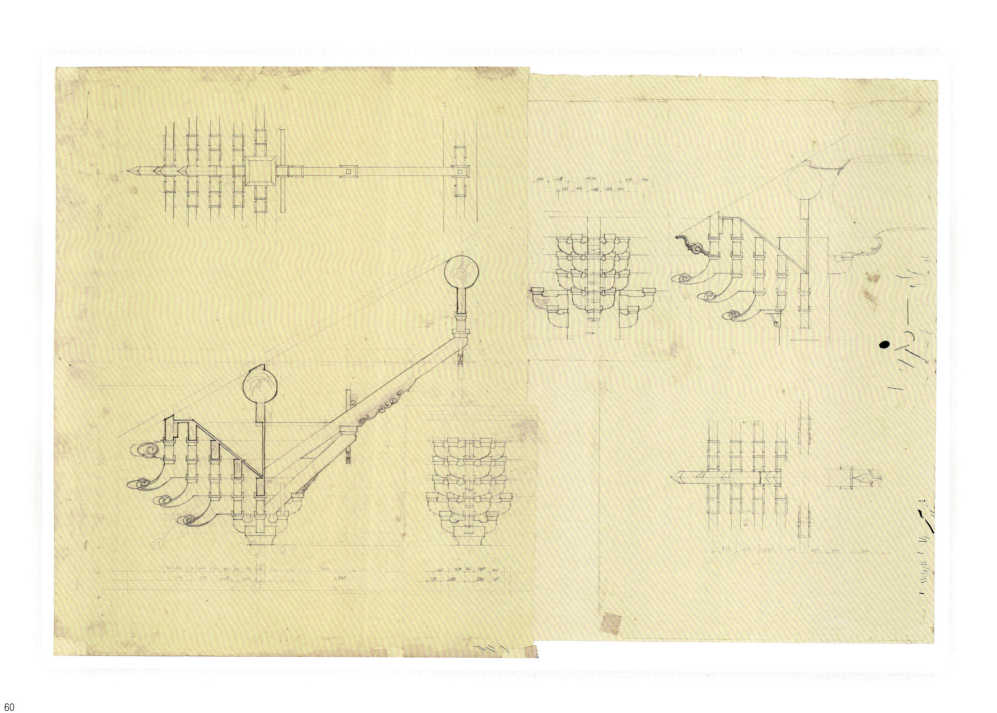

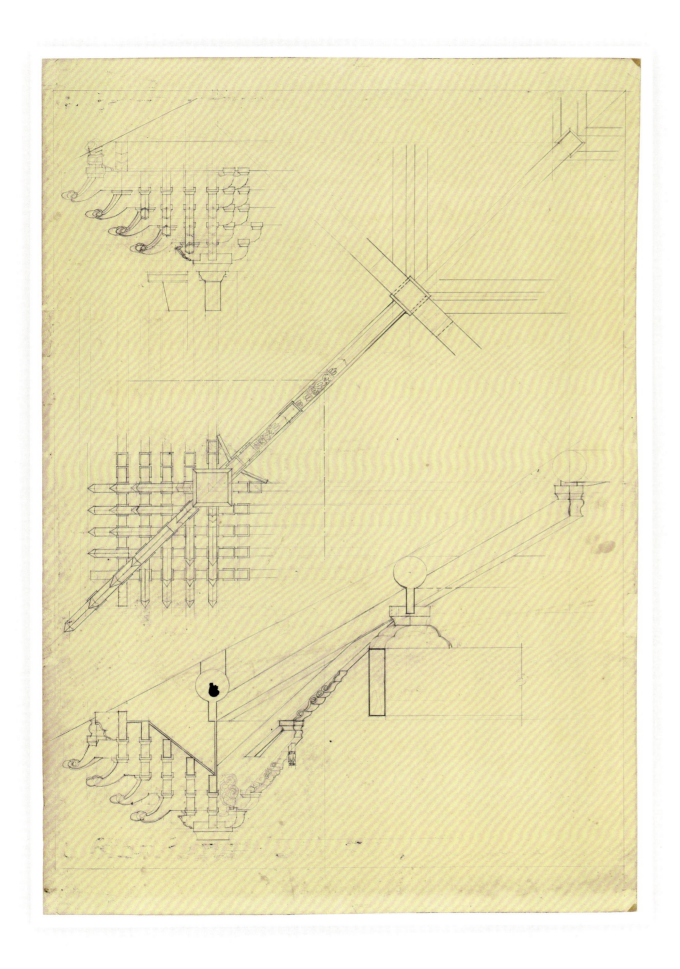

普济禅寺圆通殿
上檐角科斗拱图
测绘及绘图：1981级 李雪琳
董丹申 徐毅 许一帆

普济禅寺圆通殿
下檐平身科柱头科斗拱图
测绘及绘图：1981级
李雪琳　董丹申　徐毅
许一帆

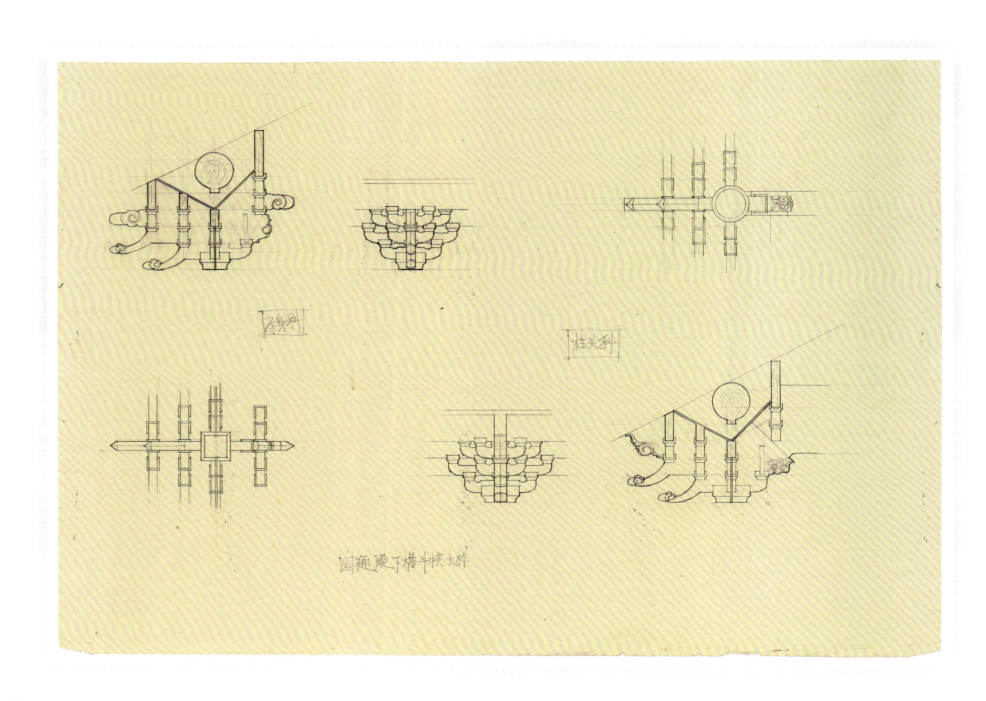

圆通殿下檐斗拱大样

普济禅寺圆通殿
下檐角科斗拱图
测绘及绘图：1981级 李雪琳
董丹申 徐毅 许一帆

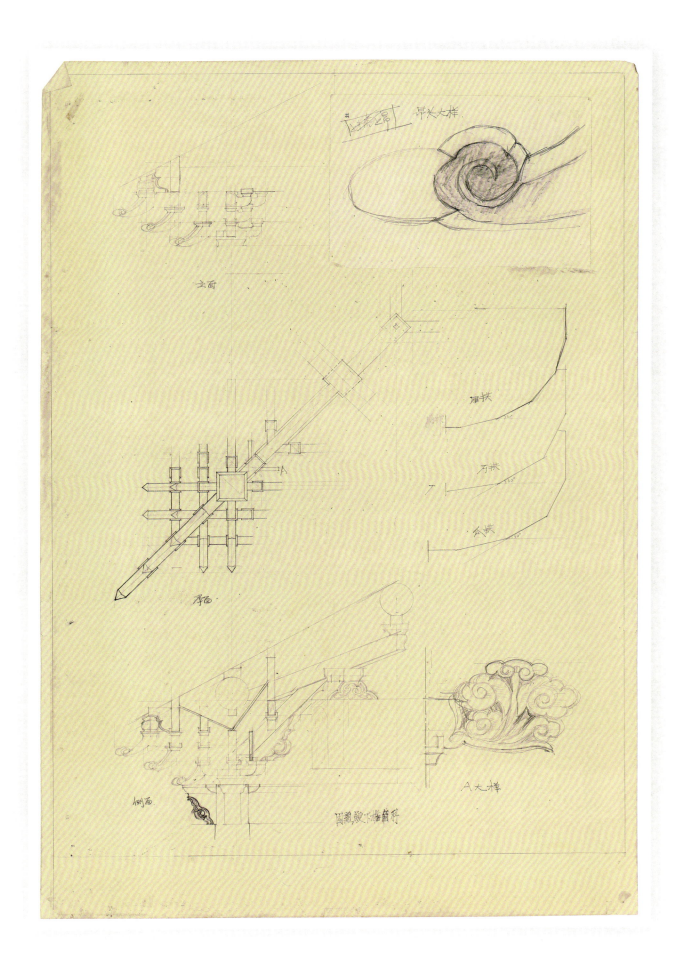

普济禅寺圆通殿
门窗图
测绘及绘图：1981级
李雪琳　董丹申　徐毅
许一帆

門窗剖面圖 1:15

門窗立面圖 1:15

門窗平面圖 1:15

雕畫詳圖 1:5

64

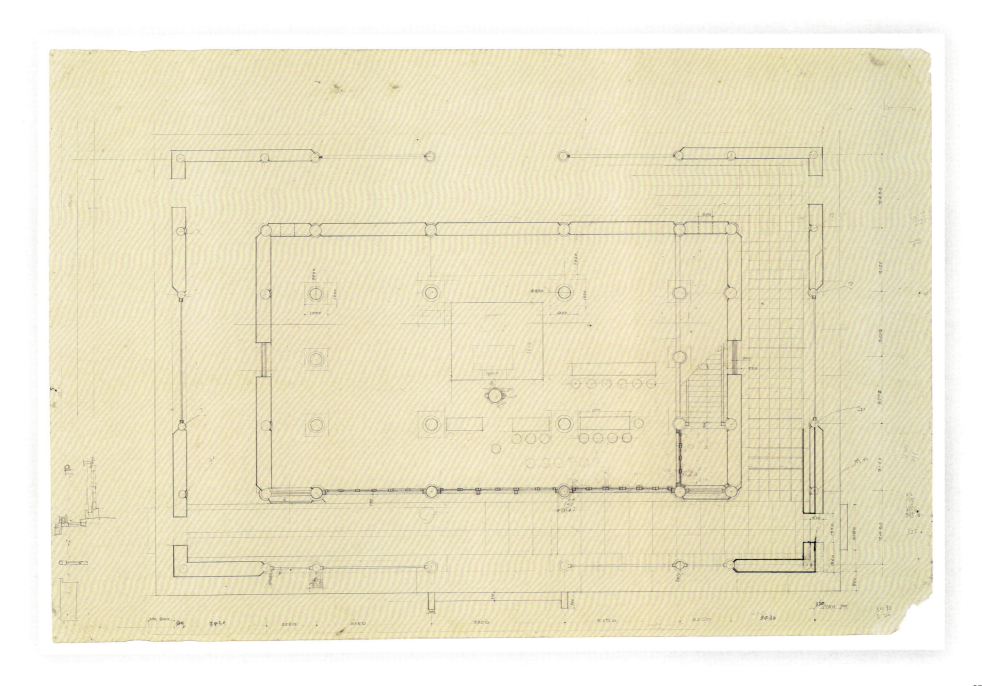

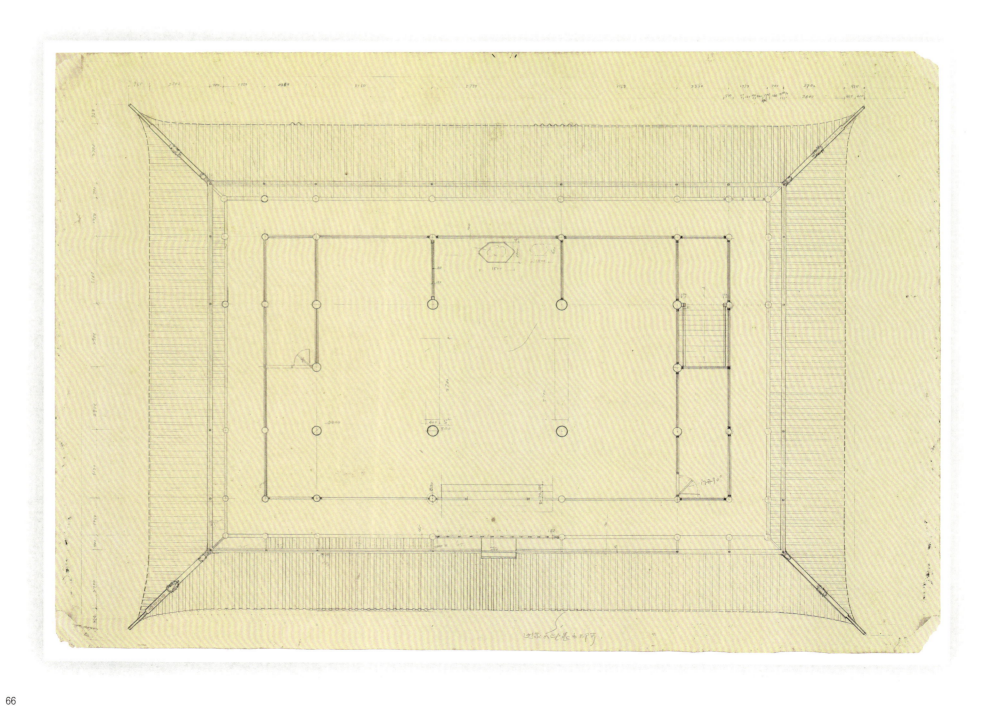

普济禅寺藏经殿
正立面图
测绘及绘图：1981级
张觉先　黄秀勇

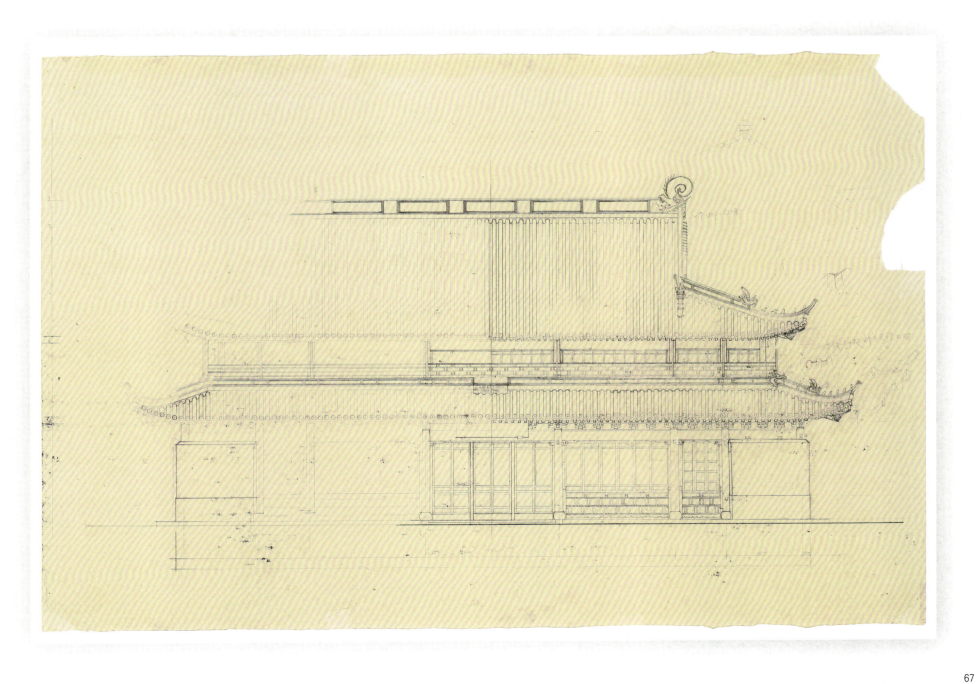

普济禅寺藏经殿
侧立面图一稿
测绘及绘图：1981级
张觉先　黄秀勇

普济禅寺藏经殿
侧立面图 2 稿
测绘及绘图：1981 级
张觉先 黄秀勇

普济禅寺景命殿及垂花门平面图

测绘及绘图：1981 级

亓萌　许晓冬

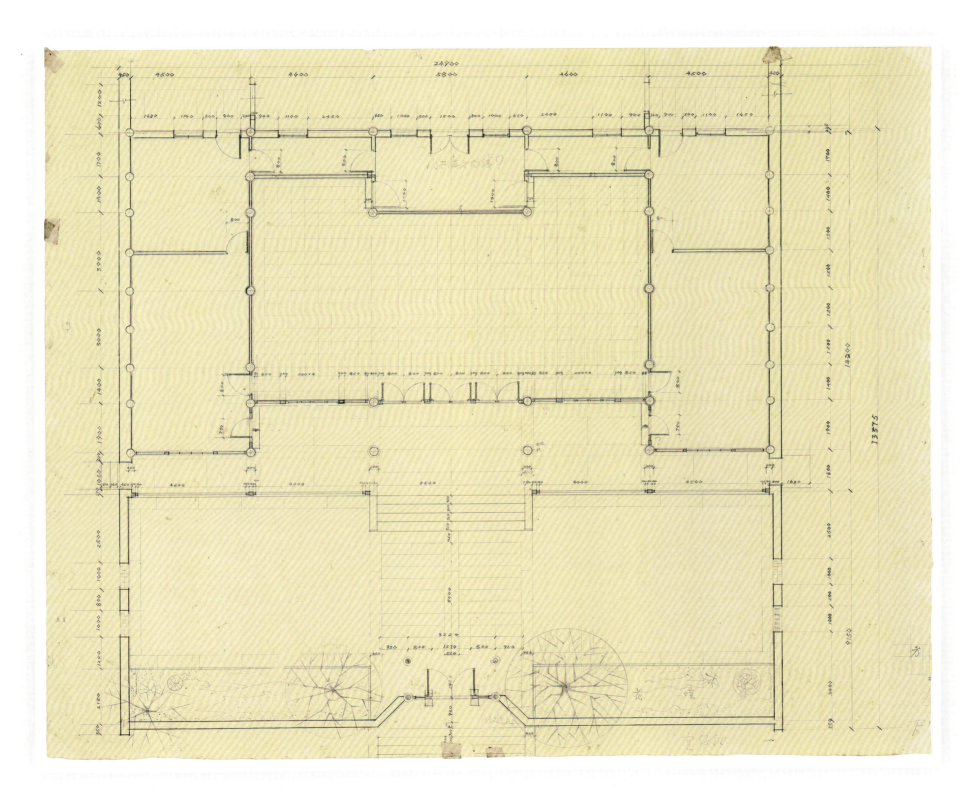

普济禅寺景命殿
正立面图
测绘及绘图：1981 级
亓萌　许晓冬

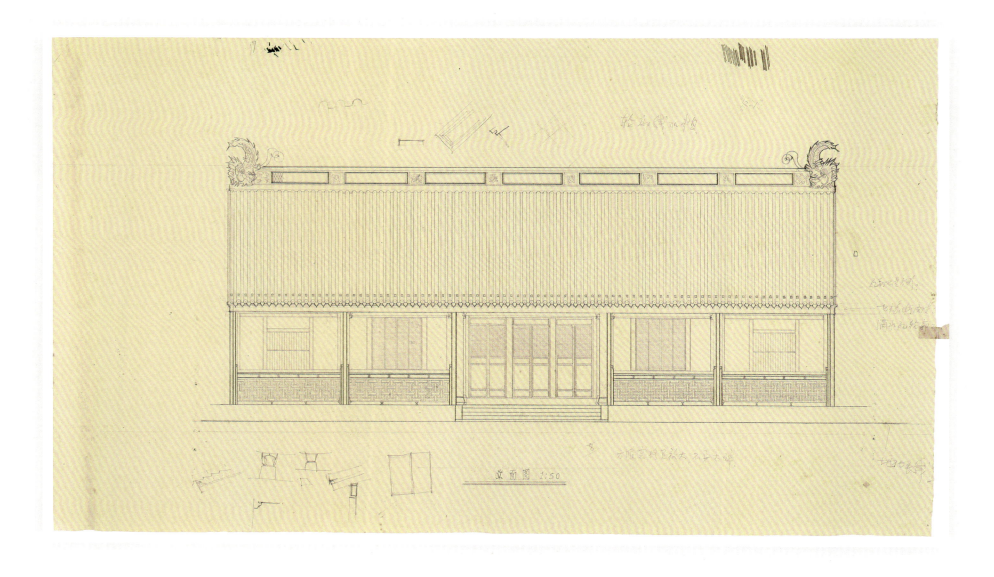

立面图 1:50

普济禅寺垂花门
正立面图 剖面图
测绘及绘图：1981级
亓萌 许晓冬

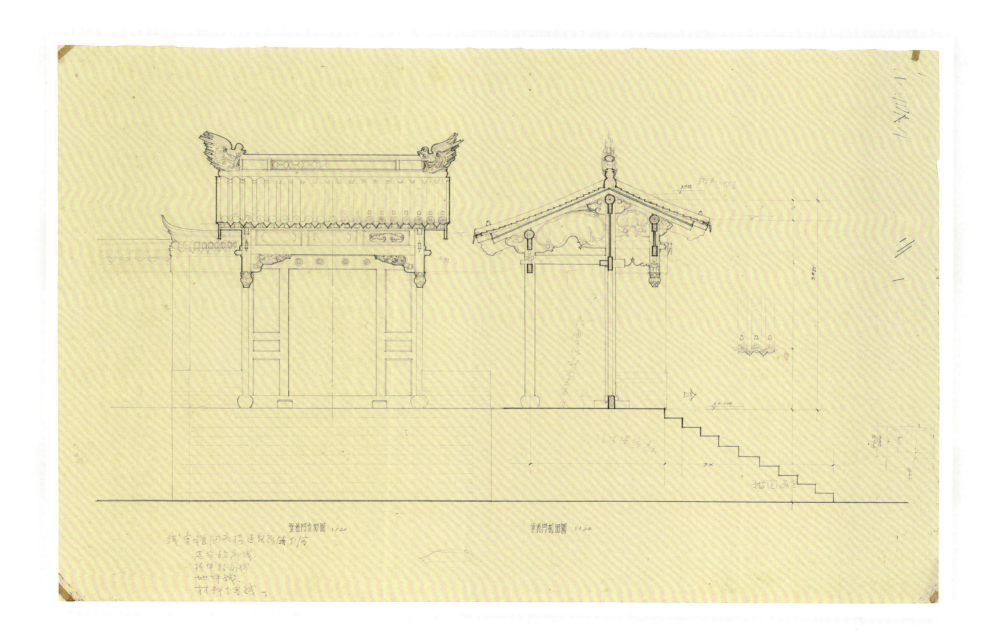

普济禅寺前御碑亭
平面图
测绘及绘图：1982 级　张晶
汤泽荣　黄少林　卢建

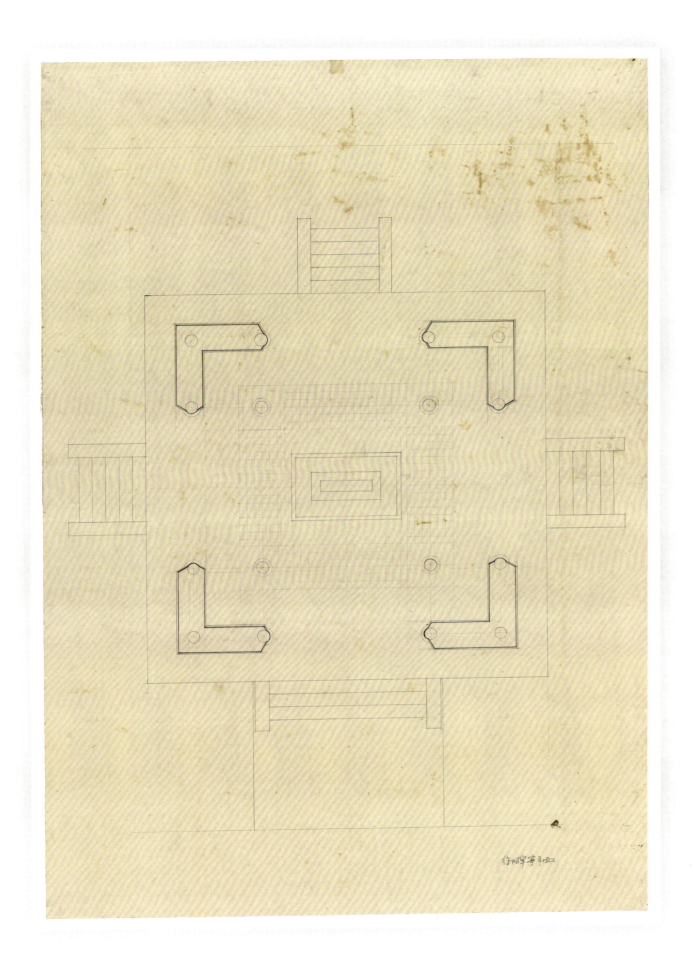

普济禅寺前八角亭
平面图
测绘及绘图：1982级
张晶　汤泽荣　黄少林
卢建

慧济禅寺
总平面图
测绘：1982级 吴放
周科　张峰　张克明
陈向阳　陈帆　林楠
黄海
绘图：1982级　周科

宝顶山慧济寺总平面草图．　　浙江大学．周科、85.6.27．

慧济禅寺
总剖面图
测绘及绘图·1982级
吴放　周科　张峰
张克明　陈向阳　陈帆
林楠　黄海

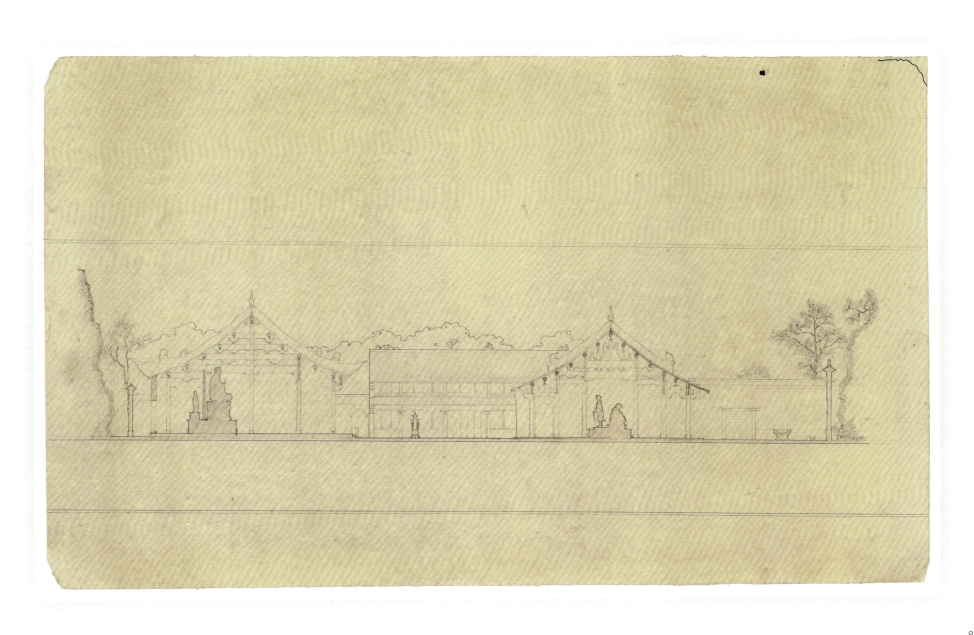

慧济禅寺照壁
立面图
测绘：1982级 吴放
　　　周科 张峰 张克明
　　　陈向阳 陈帆 林楠
　　　黄海
绘图：1982级 周科

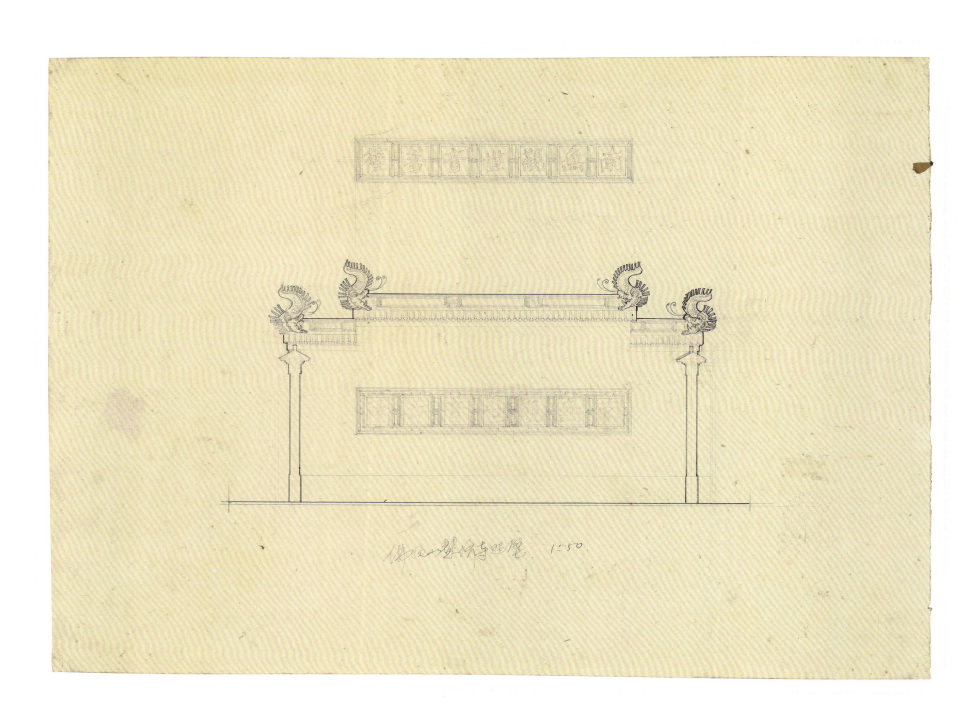

慧济禅寺钟楼
平面图
测绘：1982 级　吴放
周科　张峰　张克明
陈向阳　陈帆　林楠
黄海
绘图：1982 级　张克明

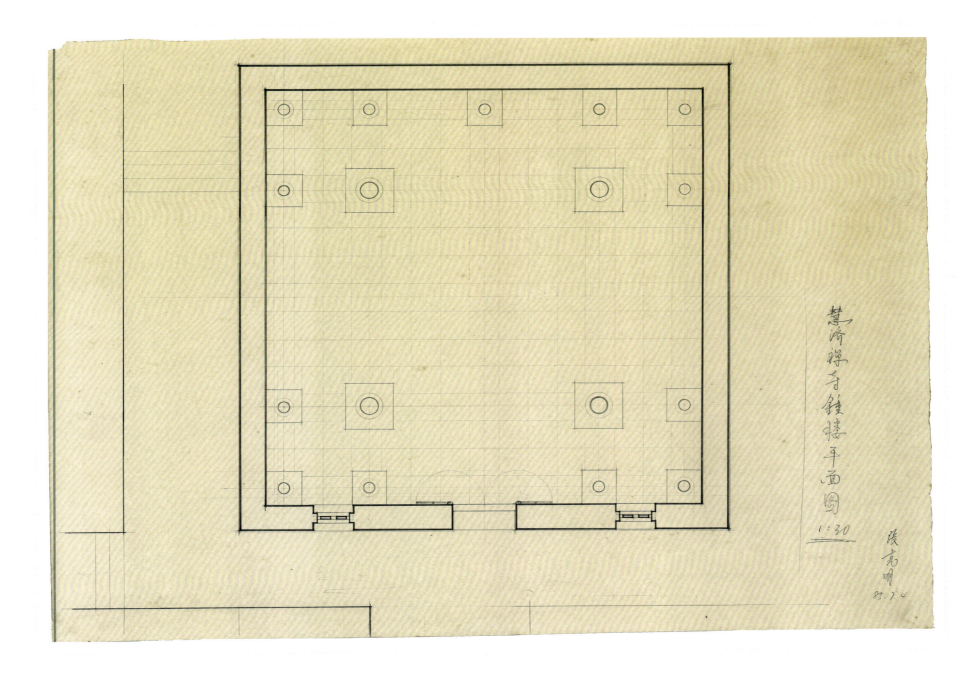

慧济祥寺锺楼平面图

1:30

张克明
83.7.4

慧济禅寺钟楼
正立面图一稿
测绘·1982级 吴放
周科 张峰 张克明
陈向阳 陈帆 林楠
黄海
绘图·1982级 张峰

慧济寺钟楼正面

慧济禅寺钟楼
正立面图 2 稿
测绘：1982 级　吴放　周科
张峰　张克明　陈向阳
陈帆　林楠　黄海
绘图：1982 级　张峰

慧济禅寺寺钟楼
剖面图
测绘：1982 级 吴放
周科 张峰 张克明
陈向阳 陈帆 林楠
黄海
绘图：1982 级 张克明

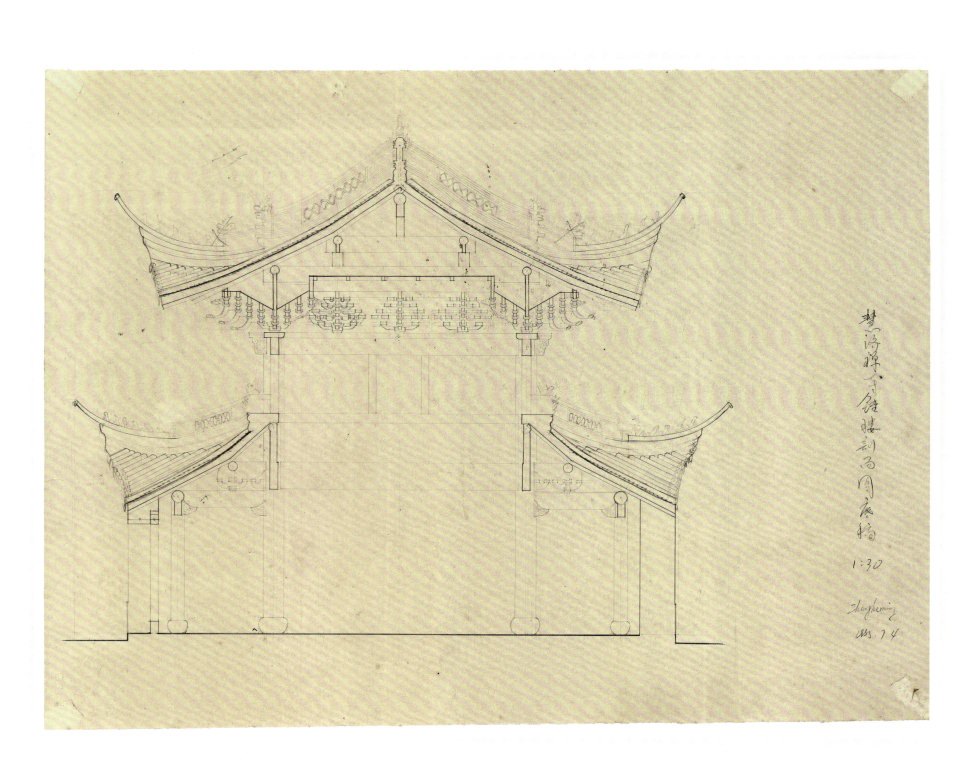

慧济禅寺钟楼剖面图 周庭楷
1:30
Zhangkemin
1983.7.4

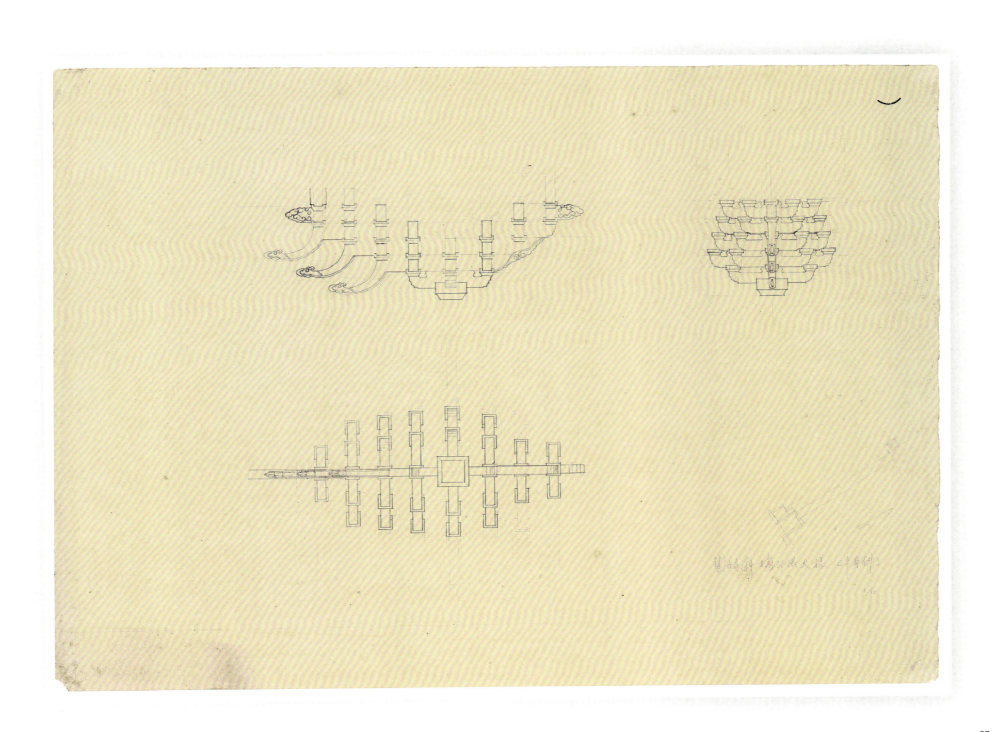

慧济禅寺钟楼
平身科斗拱图
测绘：1982级 吴放
周科 张峰 张克明
陈向阳 陈帆 林楠
黄海
绘图：1982级 陈帆

慧济禅寺钟楼
角科斗拱图
测绘：1982级 吴放
周科 张峰 张克明
陈向阳 陈帆 林楠
黄海
绘图：1982级 陈帆

慧济禅寺天王殿
平面图
测绘：1982 级 吴放
周科 张峰 张克明
陈向阳 陈帆 林楠
黄海
绘图：1982 级 陈帆

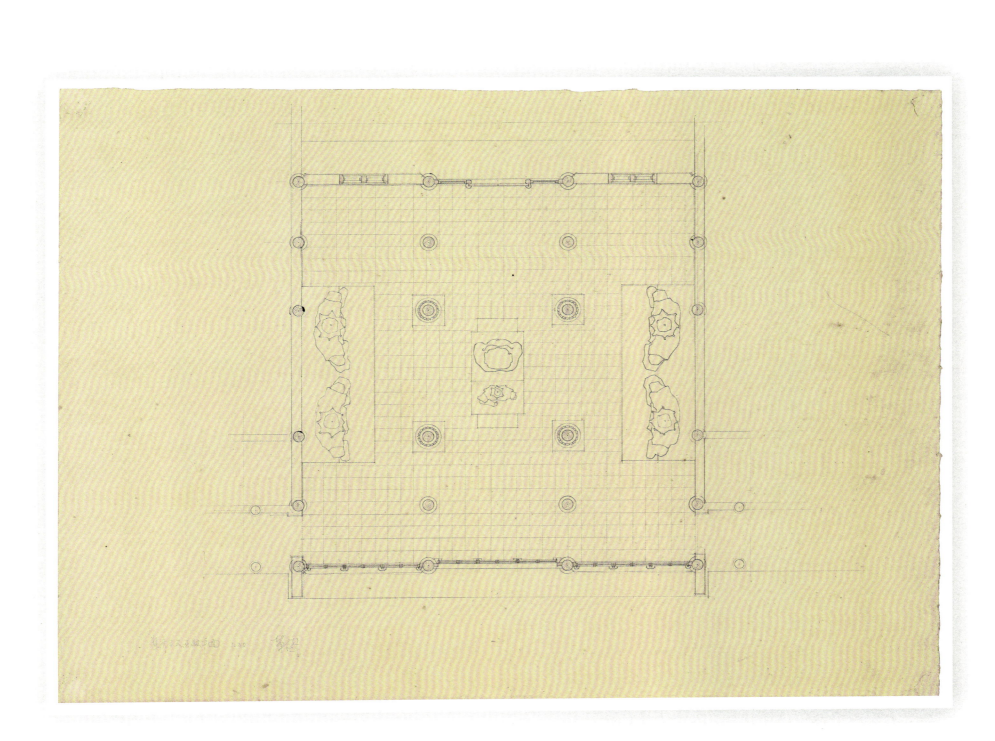

慧济寺天王殿平面图 1:50

慧济禅寺天王殿
正立面图
测绘：1982级 吴放
周科 张峰 张克明
陈向阳 陈帆 林楠
黄海
绘图：1982级 黄海

慧济禅寺天王殿
横剖面图
测绘：1982级 吴放
周科 张峰 张克明
陈向阳 陈帆 林楠
黄海
绘图：1982级 陈帆

慧济禅寺天王殿
纵剖面图
测绘及绘图·1982级
吴放　周科　张峰
张克明　陈向阳　陈帆
林楠　黄海

慧济禅寺大雄宝殿
平面图
测绘及绘图：1982 级
吴放　周科　张峰
张克明　陈向阳　陈帆
林楠　黄海

慧济禅寺大雄宝殿
正立面图
测绘及绘图：1982 级
吴放　周科　张峰
张克明　陈向阳　陈帆
林楠　黄海

慧济寺大雄宝殿正立面

典藏

慧济禅寺大雄宝殿
横剖面图
测绘：1982 级 吴放
周科 张峰 张克明
陈向阳 陈帆 林楠
黄海
绘图：1982 级 陈向阳

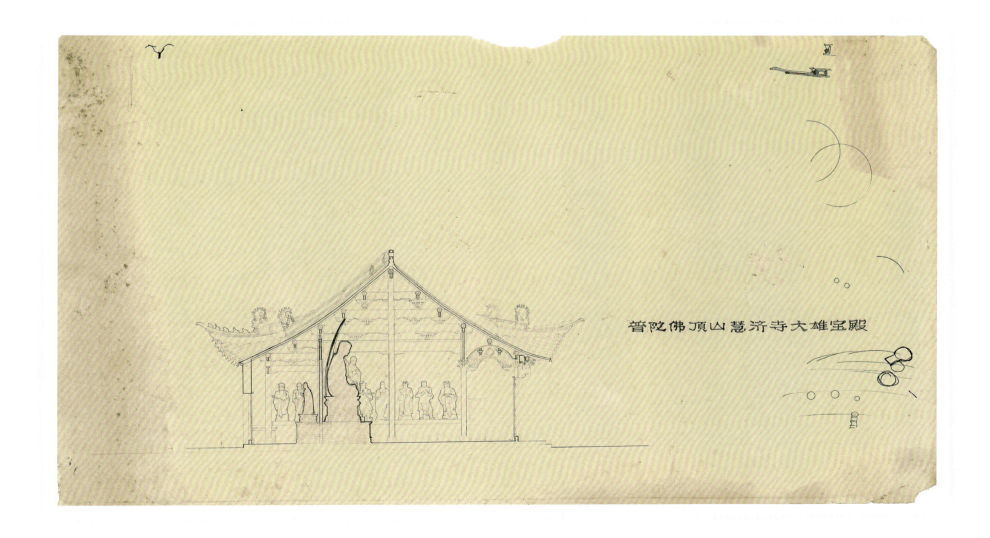

普陀佛顶山慧济寺大雄宝殿

95

慧济禅寺大雄宝殿
纵剖面图
测绘·1982级 吴放
周科 张峰 张克明
陈向阳 陈帆 林楠
黄海
绘图·1982级 吴放

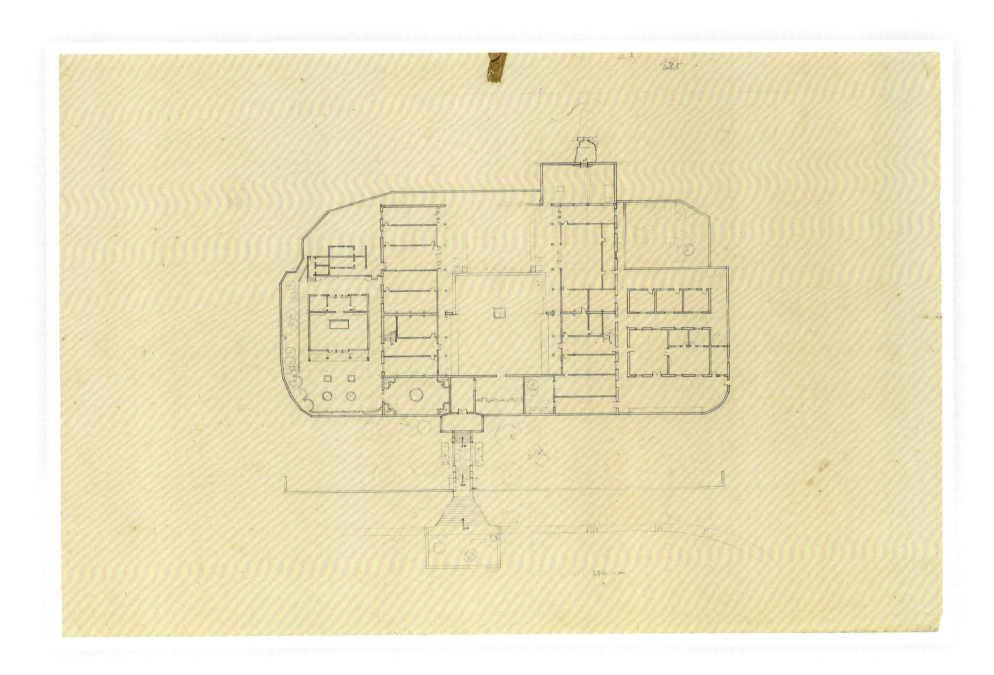

梅福禅院
总平面图
测绘：1982 级　赵淑艳
薛蓓　吴越　殷农　程稷
绘图：1982 级　赵淑艳

典藏

梅福禅院
总剖面图
测绘：1982级　赵淑艳
薛蓓　吴越　殷农　程稷
绘图：1982级　殷农

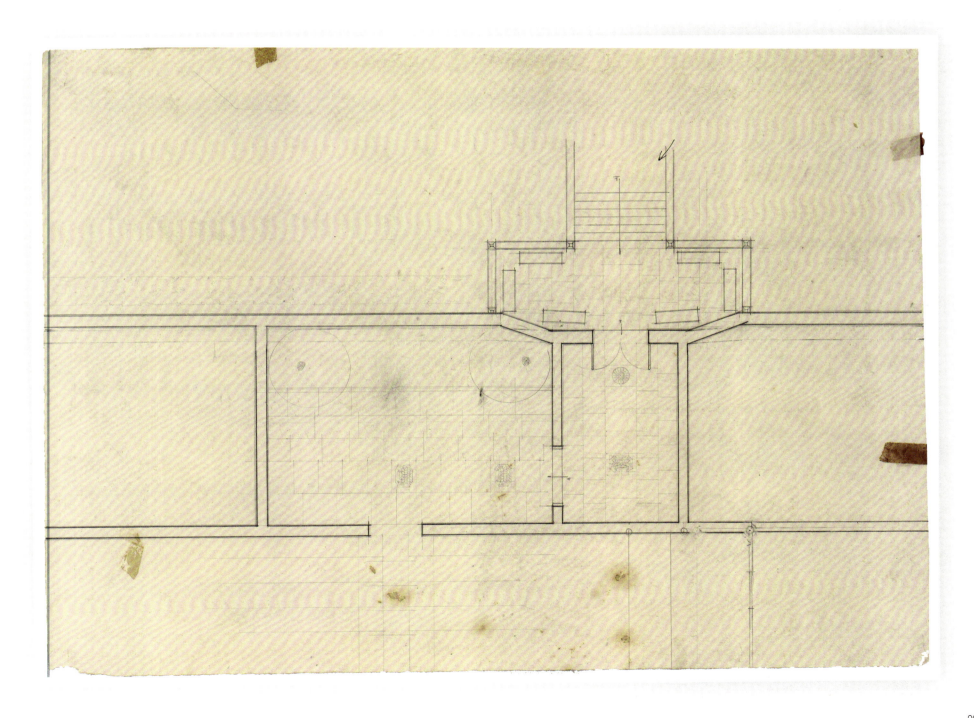

梅福禅院院门
正立面图
测绘：1982级　赵淑艳
薛蓓　吴越　殷农　程稷
绘图：1982级　吴越

梅福禅院大殿
平面图
测绘：1982级　赵淑艳
薛蓓　吴越　殷农　程稷
绘图：1982级　赵淑艳

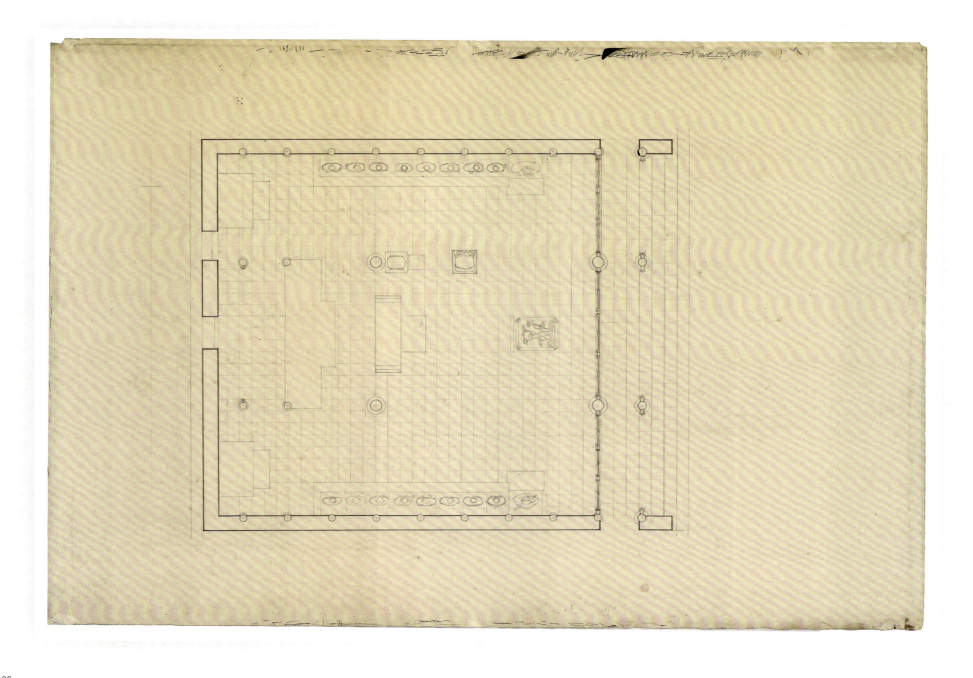

梅福禅院大殿
正立面图
测绘：1982 级　赵淑艳　薛蓓
吴越　殷农　程樱
绘图：1982 级　吴越

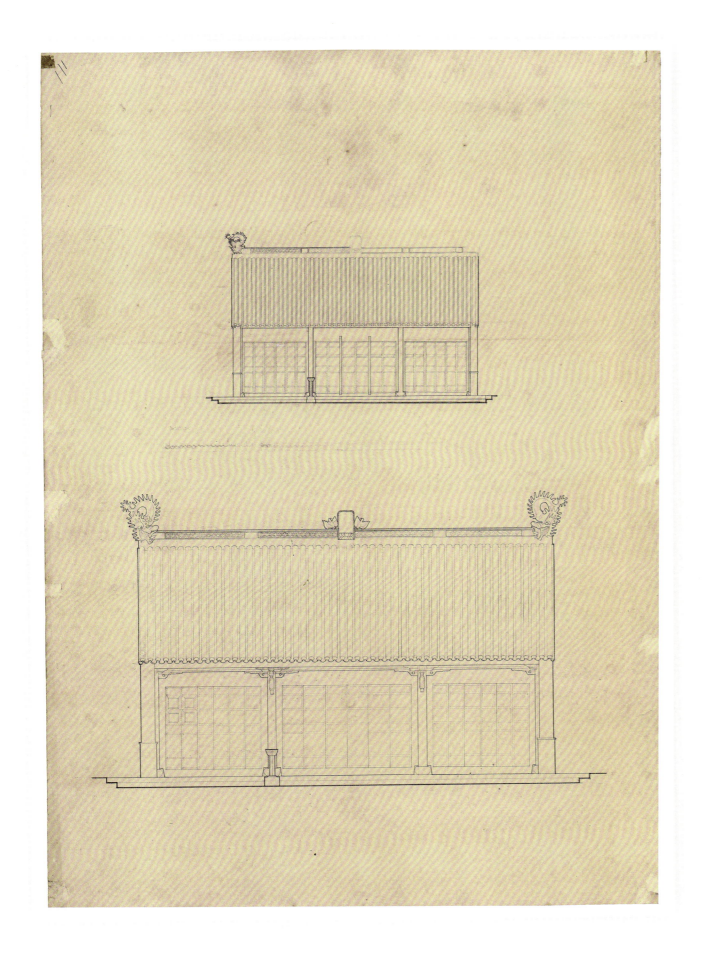

梅福禅院大殿
剖面图
测绘：1982级　赵淑艳
薛蓓　吴越　殷农　程稷
绘图：1982级　程稷

梅福禅院灵佑洞
立面图　平面图
测绘：1982 级　赵淑艳　薛蓓
吴越　殷农　程稷
绘图：1982 级　程稷

梅福禅院灵佑洞
洞内立面图
测绘·1982级 赵淑艳
薛蓓 吴越 殷农 程稷
绘图·1982级 程稷

观音洞庵
总平面图
测绘及绘图：1982 级
朱雪梅　朱荷娣　李文驹
郑海滨　叶为胜

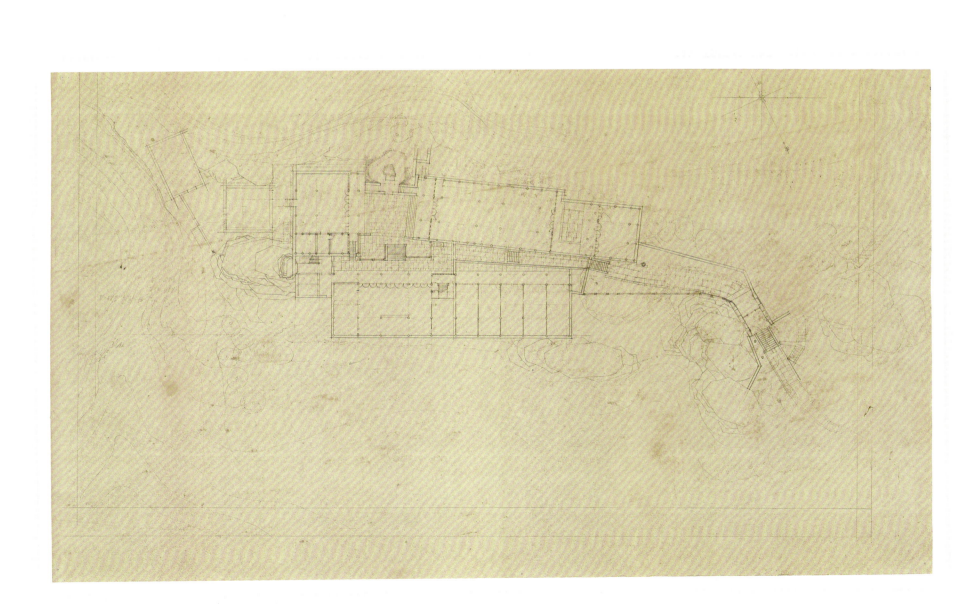

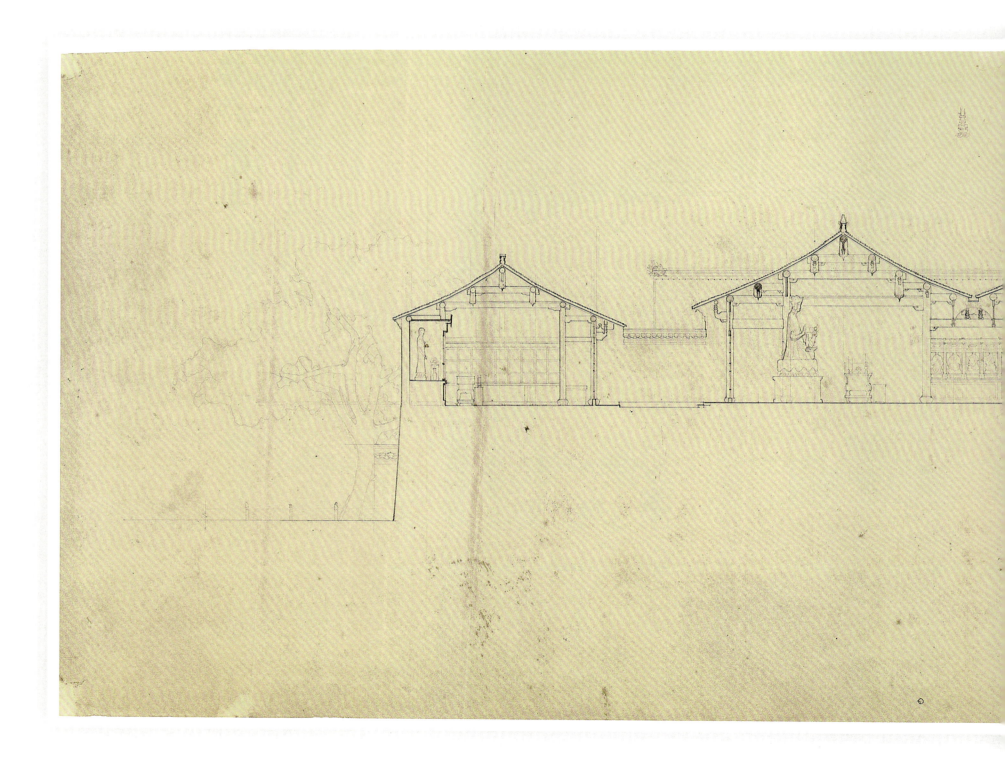

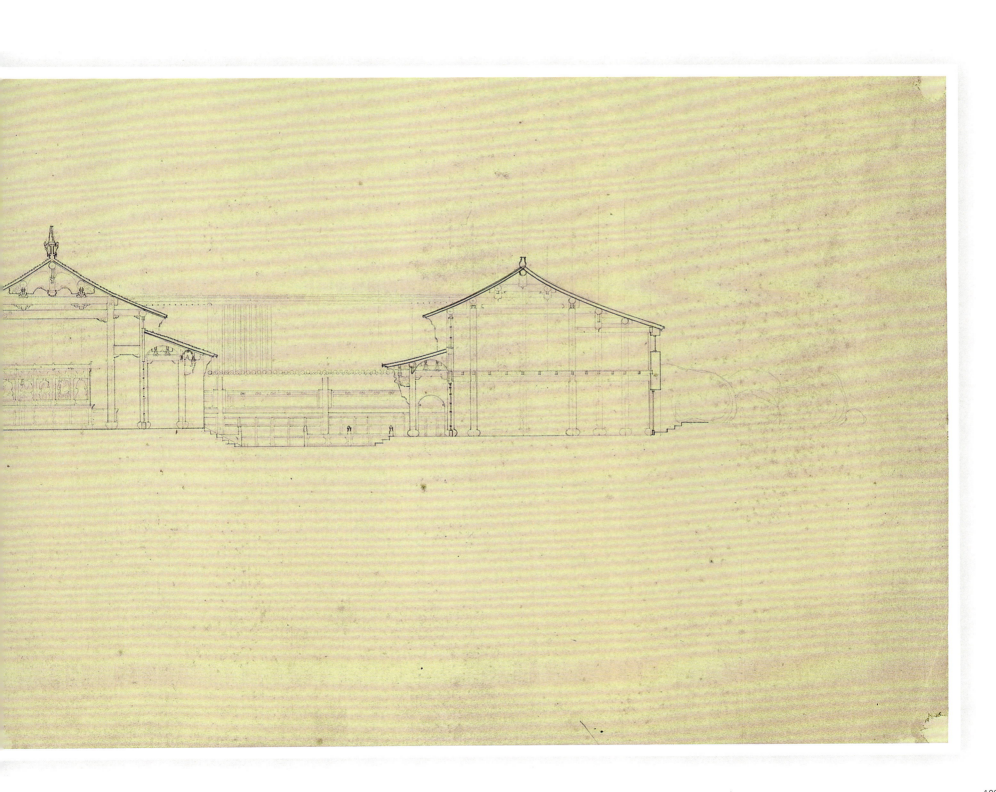

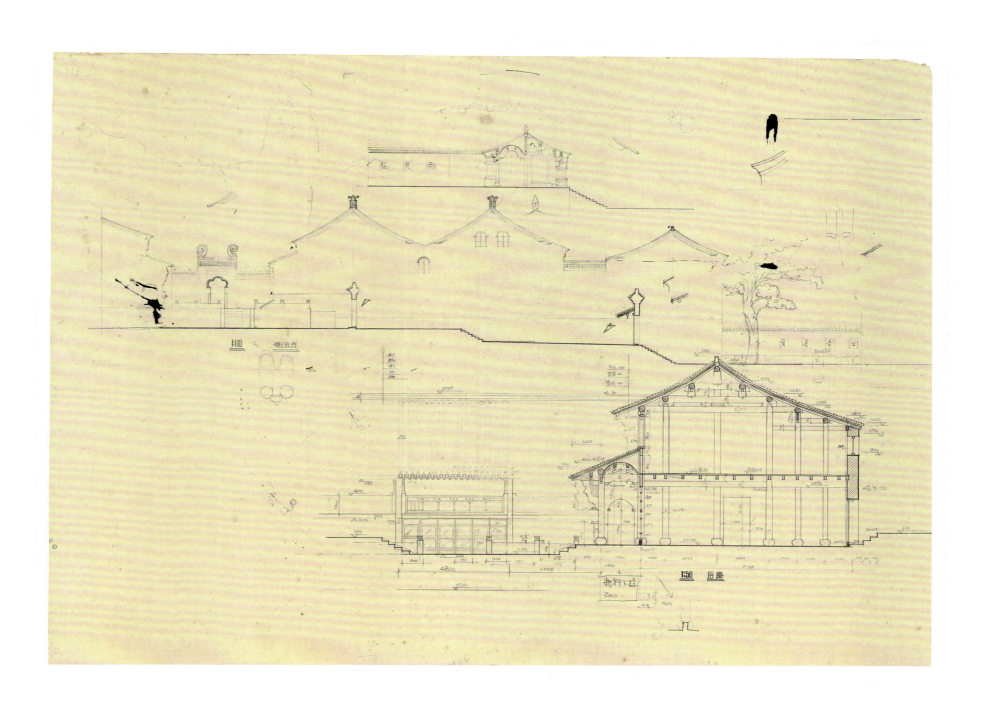

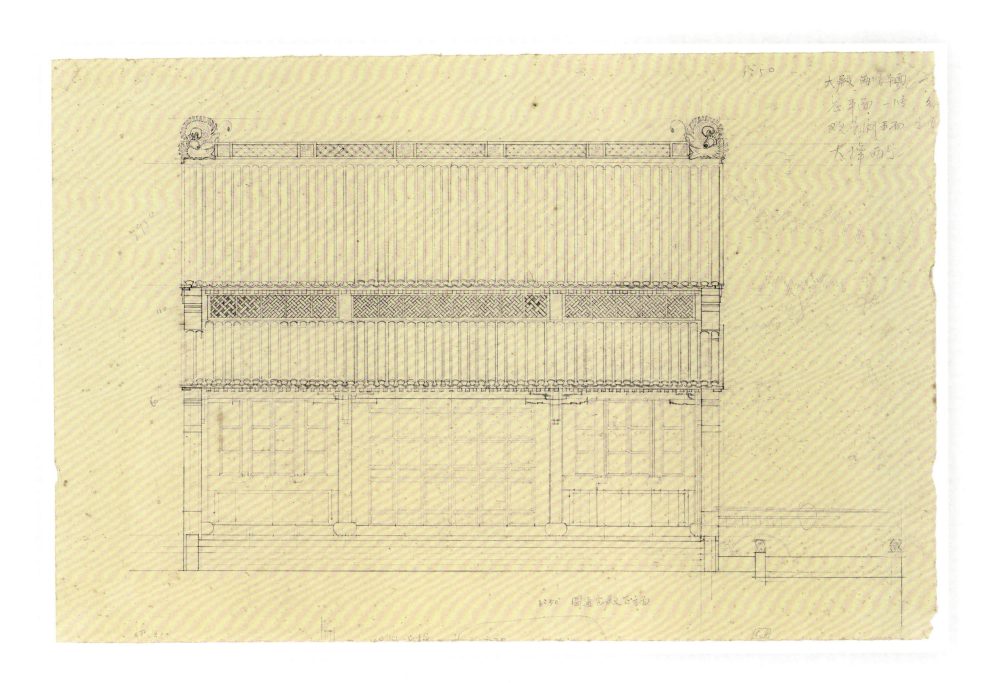

观音洞庵圆通殿
平面图
测绘：1982级　朱雪梅
朱荷娣　李文驹　郑海滨
叶为胜
绘图：1982级　朱雪梅

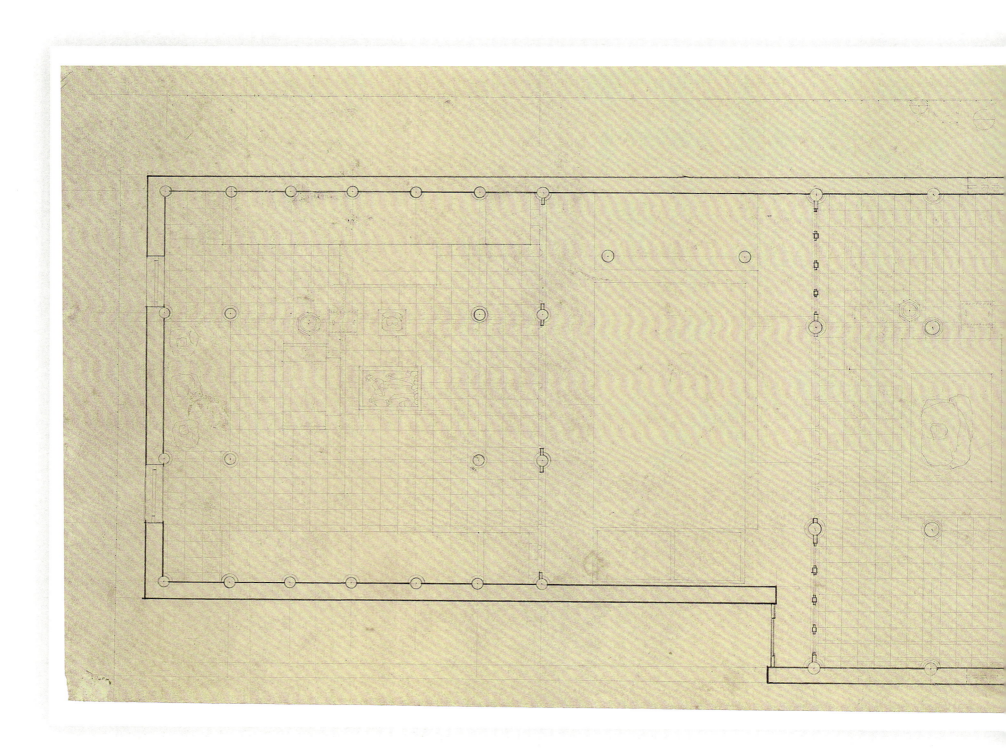

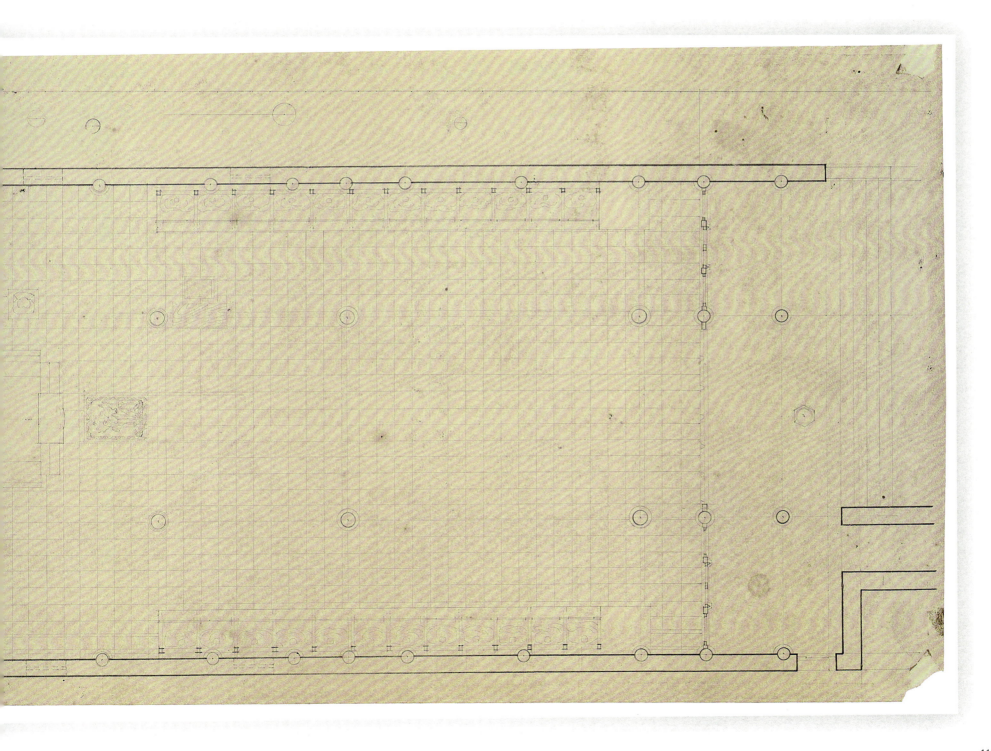

观音洞庵圆通殿
剖面图
测绘及绘图：1982 级
朱雪梅　朱荷娣　李文驹
郑海滨　叶为胜

观音洞庵圆通殿
横剖面图
测绘：1982级　朱雪梅
朱荷娣　李文驹　郑海滨
叶为胜
绘图：1982级　朱雪梅

观音洞圆通殿横剖面

取消

0　1　2　3 M

观音洞庵圆通殿轩
剖面图
测绘及绘图：1982级
朱雪梅　朱荷娣　李文驹
郑海滨　叶为胜

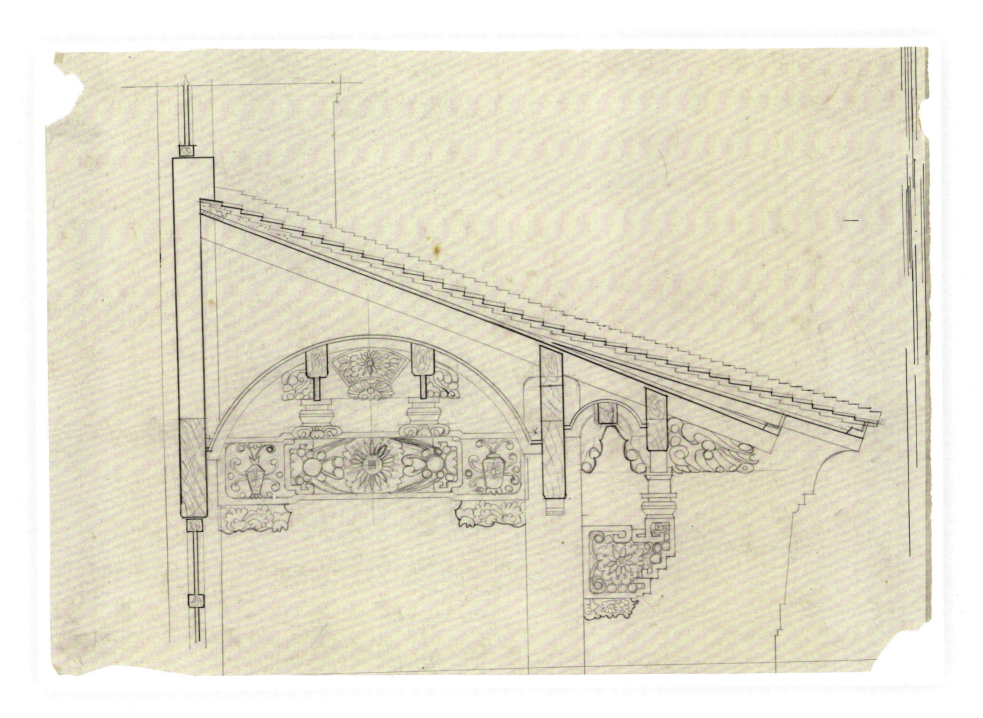

观音洞圆通宝颐仰

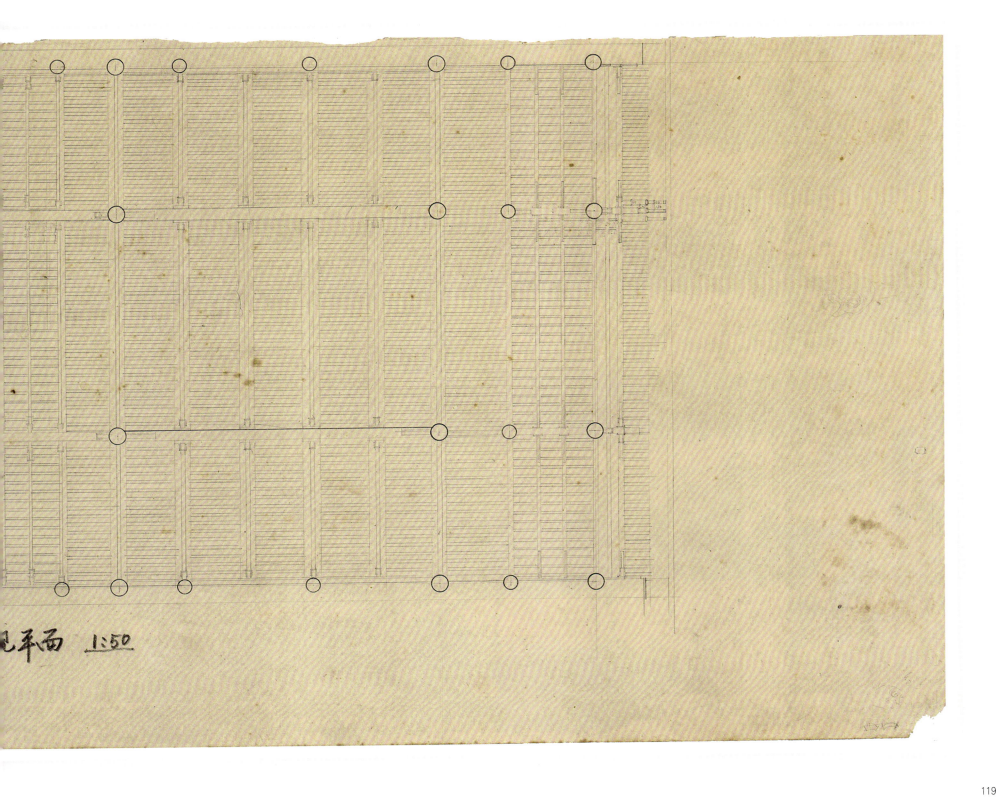

…屓平面 1:50

大乘禅院
总平面图
测绘：1982 级　闫平　王英
李槟　赖建宇　荆延武　谢克明
绘图：1982 级　赖建宇

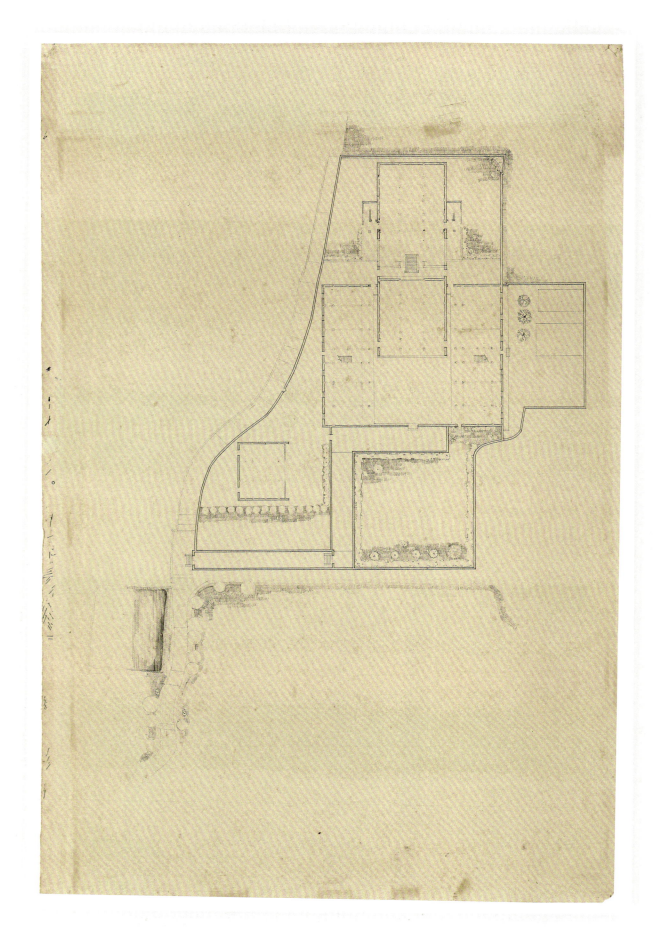

大乘禅院
纵剖面图
测绘：1982 级　闫平
　　　王英　李槟　赖建宇
　　　荆延武　谢克明
绘图：1982 级　荆延武

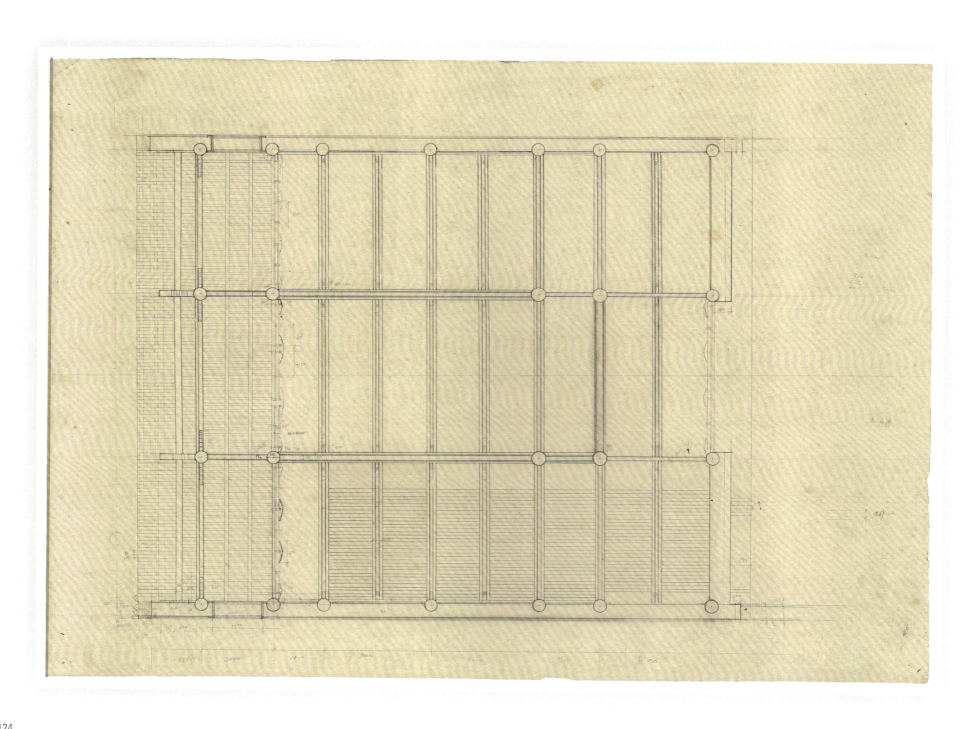

大乘禅院大殿
屋顶仰视平面图
测绘及绘图：1982级
闫平　王英　李槟　赖建宇
荆延武　谢克明

大乘禅院卧佛殿
正立面图
测绘：1982级 闫平
王英 李槟 赖建宇
荆延武 谢克明
绘图：1982级 闫平

大乘禅院卧佛殿
剖面图
测绘：1982级　闫平
王英　李槟　赖建宇
荆延武　谢克明
绘图：1982级　谢克明

多宝塔
立面图
测绘：1982 级　张晶
汤泽荣　黄少林　卢建
绘图：1982 级　汤泽荣

正趣亭
平面图
测绘：1982级　张晶
汤泽荣　黄少林　卢建
绘图：1982级　汤泽荣

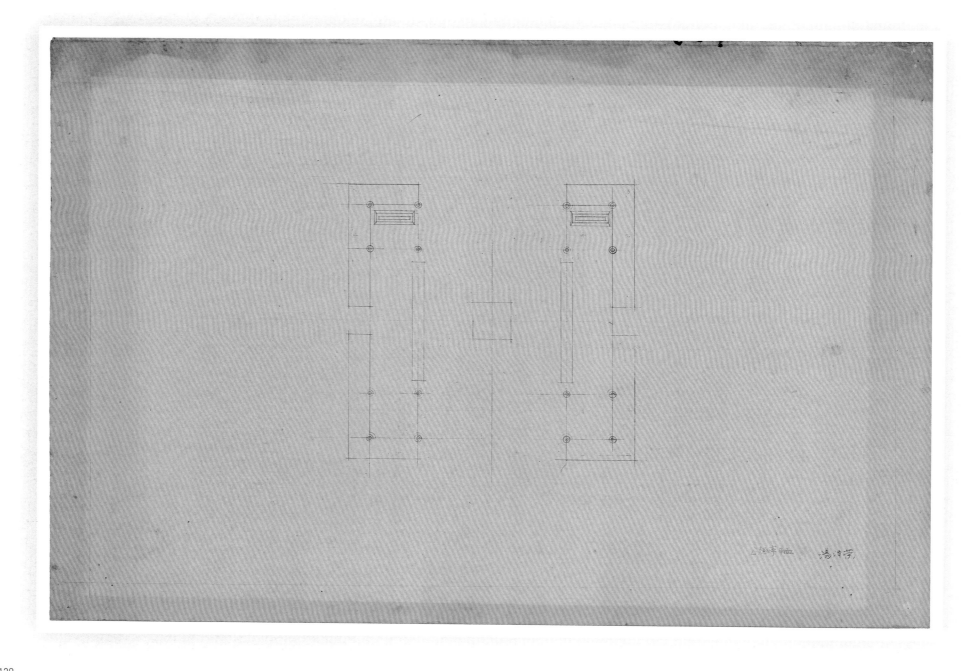

典藏

正趣亭
正立面图
测绘：1982 级　张晶
汤泽荣　黄少林　卢建
绘图：1982 级　汤泽荣

正趣亭
侧立面图
测绘及绘图：1982级
张晶 汤泽荣 黄少林
卢建

正趣亭
横剖面图
测绘及绘图：1982 级
张晶　汤泽荣　黄少林
卢建

正趣亭
纵剖面图
测绘：1982 级　张晶
　　　汤泽荣　黄少林　卢建
绘图：1982 级　汤泽荣

普陀古建筑测绘工作照、生活照

左1　1983年　法雨禅寺
左起：1981级　胡斌　徐毅　李雪琳

左2　1983年　法雨禅寺
左起：1981级　许一帆　许晓冬
胡斌　李镇国（1980级）　李雪琳
徐毅　董丹申

左3　1984年　普济寺
左起：1981级　赵倩　姚锐　胡斌

右1　1985年　拜访洛伽岛
前排左起：1982级　郑海滨　叶为胜
林楠　殷农　吴越　吴放
后排左起：1982级　张峰　李文驹
薛蓓　李槟　卢建　陈帆　黄少林
赖建宇　张毓峰老师　赵振武老师
张克明　吴海遥老师　荆延武　周科
陈向阳　朱雪梅　谢克明　张晶
赵淑艳　闫平　汤泽荣　程樱

右2　1985年　大乘禅院
前排左起：1982级　王英　闫平
李槟
后排左起：1982级　谢克明　荆延武
赖建宇

右3　1985年　拜访洛伽岛
左起：1982级　赵淑艳　薛蓓
赖建宇　李槟　殷农　妙善大师
叶为胜　汤泽荣　卢建　荆延武
陈帆　郑海滨　林楠

右4　1985年　东海舰队普陀山基地
舰艇上，1982级同学与兵哥哥

普陀古建筑测绘工作照、生活照

左1 1985年 东海舰队普陀山基地舰艇上 1982级 程稷

左2 1985年 东海舰队普陀山基地舰艇上 1982级 吴越

左3 1985年 东海舰队普陀山基地舰艇上 1982级 赵淑艳

左4 1985年 东海舰队普陀山基地舰艇上
左起：1982级 殷农 吴越 程稷

右1 1985年 观音洞庵
前排左起：1982级 荆延武 吴越 薛蓓
中间左起：1982级 朱荷娣 赵淑艳 程稷 殷农
后排左起：1982级 郑海滨 朱雪梅 叶为胜

右2 1985年 慧济寺
左起：1982级 周科 张峰 小师傅 陈帆 黄海

右3 1985年 观音洞庵
前排左起：1982级 朱荷娣 师傅1 师傅2 师傅3 朱雪梅
后排左起：1982级 李文驹 张毓峰老师 赵振武老师 叶为胜 郑海滨

普陀古建筑测绘工作照、生活照

左1　1985 年　梅福禅院
1982 级　吴越

左2　1985 年　梅福禅院
1982 级　薛蓓　程樱

左3　1985 年　梅福禅院
前排左起：1982 级　殷农　程樱
吴越
后排左起：1982 级　薛蓓　赵淑艳

右1　1985 年　千步沙
左起：1982 级　陈帆　殷农　张峰
郑海滨　吴越

右2　1985 年　千步沙
左起：1982 级　薛蓓　赵淑艳

右3　1985 年　心石
左起：1982 级　谢克明　闫平
荆延武　王英　李槟　赖建宇

右4　1985 年　磐陀石
左起：1982 级　薛蓓　赵淑艳
吴越

普陀古建筑测绘工作照、生活照

上图　1985 年　梅福禅院
前排左起：1982 级　赵淑艳　闫平
薛蓓　李槟　王英
后排左起：1982 级　荆延武　吴越
赖建宇　殷农　谢克明　张峰

下图　1985 年　梅福禅院
左起：1982 级　薛蓓　赵淑艳
张毓峰老师　吴海遥老师　程稷
赵振武老师　殷农　吴越

# 后记

普陀山古建筑测绘由浙江大学建筑系数位教师带领1980级、1981级和1982级三届学生，分别于1983年、1984年、1985年暑期赴普陀山实地展开工作，并完成普陀山主要古建筑的测绘图绘制。测绘指导教师有：赵振武、丁承朴、吴海遥、张毓峰等。参与测绘的学生有：1983年第一次测绘（联合组队），1980级的李镇国、刘辉、钱萃阳、邵峰、王辛、吴文冰，1981级的董丹申、李雪琳、胡斌、许晓冬、徐毅、许一帆，1982级的陈帆、陈向阳、程稷、荆延武、赖建宇、李槟、林楠、汤泽荣、吴放、吴越、谢克明、薛蓓、闫平、叶为胜、殷农、张克明、赵淑艳、郑海滨、周科、朱雪梅，共计32人。1984年第二次测绘，1981级的董丹申、郭黎华、胡斌、黄秀勇、李金荣、李雪琳、亓萌、邵亚君、王杰、许晓冬、徐毅、许一帆、杨东明、姚瑞、俞坚、曾繁柏、曾筠、张觉先、赵倩、周颖，共计20人。1985年第三次测绘，1982级的陈帆、陈向阳、程稷、黄海、黄少林、荆延武、赖建宇、李槟、李文驹、林楠、卢建、汤泽荣、王英、吴放、吴越、谢克明、张克明、赵淑艳、郑海滨、周科、朱荷娣、朱雪梅、薛蓓、张晶、闫平、殷农、叶为胜、张峰，共计28人。在这批测绘图的后期整理工作中，倾注了丁承朴等数位老师的大量心血。这批测绘图也最终成为本书的核心组成部分。

本书收录的测绘底图包括三个年级的测绘成果，共计126幅，详见图纸汇总表。前后参与的学生共计54人。

本书装帧设计经过数十次反复推敲，力求精益求精少留遗憾，特别是在吴婧一、詹育泓两位研究生的鼎力支持和共同努力下得以顺利完成，在此表示感谢。

# 附录　图纸汇总

| 寺庙 | 内容 | 年级 | 测绘 | 绘图 |
|---|---|---|---|---|
| 法雨禅寺 | 总平面图 | 1982 | 吴越、殷农、荆延武 | 吴越 |
| | 总剖面图北段 | 1982 | 吴越、殷农、荆延武 | 不详 |
| | 总剖面图南段 | 1982 | 吴越、殷农、荆延武 | 不详 |
| | 天后阁平面图、钟楼平面图、钟楼斗拱图 | 1982 | 赵淑艳、林楠、周科 | 不详 |
| | 钟楼正立面图、侧剖面图 | 1982 | 赵淑艳、林楠、周科 | 不详 |
| | 天王殿平面图、正立面图 | 1982 | 吴放、汤泽荣、谢克明 | 吴放 |
| | 天王殿侧立面图 | 1982 | 吴放、汤泽荣、谢克明 | 汤泽荣 |
| | 天王殿剖面图 | 1982 | 吴放、汤泽荣、谢克明 | 吴放 |
| | 玉佛殿平面图、正立面图 | 1982 | 李槟、郑海滨、陈帆 | 陈帆 |
| | 玉佛殿侧立面图 | 1982 | 李槟、郑海滨、陈帆 | 陈帆 |
| | 玉佛殿剖面图 | 1982 | 李槟、郑海滨、陈帆 | 郑海滨 |
| | 圆通殿平面图 | 1981 | 李雪琳、许晓冬、董丹申、胡斌、许一帆、徐毅 | 徐毅 |
| | 圆通殿正立面图 | 1981 | 李雪琳、许晓冬、董丹申、胡斌、许一帆、徐毅 | 李雪琳 |
| | 圆通殿侧立面图 | 1981 | 李雪琳、许晓冬、董丹申、胡斌、许一帆、徐毅 | 李雪琳 |
| | 圆通殿横剖面图 | 1981 | 李雪琳、许晓冬、董丹申、胡斌、许一帆、徐毅 | 许一帆 |
| | 圆通殿纵剖面图 | 1981 | 李雪琳、许晓冬、董丹申、胡斌、许一帆、徐毅 | 许晓冬 |
| | 圆通殿九龙藻井仰视平面图 | 1981 | 李雪琳、许晓冬、董丹申、胡斌、许一帆、徐毅 | 不详 |
| | 圆通殿隔扇细部大样图 | 1981 | 李雪琳、许晓冬、董丹申、胡斌、许一帆、徐毅 | 不详 |
| | 万寿御碑殿剖面图、平面图 | 1982 | 闫平、朱雪梅、张克明 | 朱雪梅 张克明 |
| | 万寿御碑殿正立面图 | 1982 | 闫平、朱雪梅、张克明 | 闫平 |
| | 大雄宝殿正立面图 | 1980 | 吴文冰、李镇国、刘辉、王辛、钱萃阳、邵峰 | 不详 |
| | 大雄宝殿侧立面图 | 1980 | 吴文冰、李镇国、刘辉、王辛、钱萃阳、邵峰 | 不详 |
| | 大雄宝殿横剖面图 | 1980 | 吴文冰、李镇国、刘辉、王辛、钱萃阳、邵峰 | 吴文冰 |

| 寺庙 | 内容 | 年级 | 测绘 | 绘图 |
|---|---|---|---|---|
| 法雨禅寺 | 大雄宝殿纵剖面图 | 1980 | 吴文冰、刘辉、李镇国、王辛、钱萃阳、邵峰 | 不详 |
| | 大雄宝殿隔扇门图 | 1980 | 吴文冰、刘辉、李镇国、王辛、钱萃阳、邵峰 | 不详 |
| | 藏经阁正立面图、平面图 | 1982 | 薛蓓、赖建宇、程樱 | 程樱 |
| | 藏经阁剖面图 | 1982 | 薛蓓、赖建宇、程樱 | 赖建宇 |
| | 斋堂平面图、剖面图 | 1982 | 陈向阳、叶为胜 | 叶为胜 |
| | 斋堂正立面图、窗扇图、斗拱图 | 1982 | 陈向阳、叶为胜 | 陈向阳 |
| | 合计 29 张 | | | |
| 普济禅寺 | 总平面图南段 | 1981 | 李金荣、曾繁柏、曾筠 | 不详 |
| | 总平面图北段 | 1981 | 李金荣、曾繁柏、曾筠 | 不详 |
| | 总剖面图南段 | 1981 | 李金荣、曾繁柏、曾筠 | 不详 |
| | 总剖面图北段 | 1981 | 李金荣、曾繁柏、曾筠 | 不详 |
| | 御碑殿平面图 | 1981 | 邵亚君、俞坚、王杰 | 不详 |
| | 御碑殿正立面图 | 1981 | 邵亚君、俞坚、王杰 | 不详 |
| | 御碑殿侧立面图 | 1981 | 邵亚君、俞坚、王杰 | 不详 |
| | 御碑殿剖面图 | 1981 | 邵亚君、俞坚、王杰 | 不详 |
| | 御碑殿屋顶仰视平面图 | 1981 | 邵亚君、俞坚、王杰 | 不详 |
| | 御碑殿藻井局部仰视平面图 | 1981 | 邵亚君、俞坚、王杰 | 不详 |
| | 御碑殿藻井剖面图 | 1981 | 邵亚君、俞坚、王杰 | 不详 |
| | 御碑殿隔扇图 | 1981 | 邵亚君、俞坚、王杰 | 不详 |
| | 钟楼一层平面图 | 1981 | 郭黎华、周颖、杨东明 | 不详 |
| | 钟楼正立面图 | 1981 | 郭黎华、周颖、杨东明 | 不详 |
| | 钟楼剖面图 | 1981 | 郭黎华、周颖、杨东明 | 不详 |
| | 天王殿平面图 | 1981 | 赵倩、姚锐、胡斌 | 不详 |

| 寺庙 | 内容 | 年级 | 测绘 | 绘图 |
|---|---|---|---|---|
| 普济禅寺 | 天王殿正立面图 1 稿 | 1981 | 赵倩、姚锐、胡斌 | 不详 |
| | 天王殿正立面图 2 稿 | 1981 | 赵倩、姚锐、胡斌 | 不详 |
| | 天王殿侧立面图 | 1981 | 赵倩、姚锐、胡斌 | 不详 |
| | 天王殿剖面图 | 1981 | 赵倩、姚锐、胡斌 | 不详 |
| | 天王殿屋顶仰视平面图 | 1981 | 赵倩、姚锐、胡斌 | 不详 |
| | 圆通殿平面图 | 1981 | 李雪琳、董丹申、徐毅、许一帆 | 不详 |
| | 圆通殿正立面图 | 1981 | 李雪琳、董丹申、徐毅、许一帆 | 不详 |
| | 圆通殿侧立面图 | 1981 | 李雪琳、董丹申、徐毅、许一帆 | 不详 |
| | 圆通殿横剖面图 | 1981 | 李雪琳、董丹申、徐毅、许一帆 | 不详 |
| | 圆通殿纵剖面图 | 1981 | 李雪琳、董丹申、徐毅、许一帆 | 不详 |
| | 圆通殿屋顶局部仰视平面图 | 1981 | 李雪琳、董丹申、徐毅、许一帆 | 不详 |
| | 圆通殿屋顶平面图与仰视平面图 | 1981 | 李雪琳、董丹申、徐毅、许一帆 | 不详 |
| | 圆通殿上檐平身科柱头科斗拱图 | 1981 | 李雪琳、董丹申、徐毅、许一帆 | 不详 |
| | 圆通殿上檐角科斗拱图 | 1981 | 李雪琳、董丹申、徐毅、许一帆 | 不详 |
| | 圆通殿下檐平身科柱头科斗拱图 | 1981 | 李雪琳、董丹申、徐毅、许一帆 | 不详 |
| | 圆通殿下檐角科斗拱图 | 1981 | 李雪琳、董丹申、徐毅、许一帆 | 不详 |
| | 圆通殿门窗图 | 1981 | 李雪琳、董丹申、徐毅、许一帆 | 不详 |
| | 藏经殿一层平面图 | 1981 | 张觉先、黄秀勇 | 不详 |
| | 藏经殿二层平面图 | 1981 | 张觉先、黄秀勇 | 不详 |
| | 藏经殿正立面图 | 1981 | 张觉先、黄秀勇 | 不详 |
| | 藏经殿侧立面图 1 稿 | 1981 | 张觉先、黄秀勇 | 不详 |
| | 藏经殿侧立面图 2 稿 | 1981 | 张觉先、黄秀勇 | 不详 |
| | 藏经殿剖面图 | 1981 | 张觉先、黄秀勇 | 不详 |

| 寺庙 | 内容 | 年级 | 测绘 | 绘图 |
|---|---|---|---|---|
| 普济禅寺 | 景命殿及垂花门平面图 | 1981 | 亓萌、许晓冬 | 不详 |
| | 景命殿正立面图 | 1981 | 亓萌、许晓冬 | 不详 |
| | 景命殿剖面图 | 1981 | 亓萌、许晓冬 | 不详 |
| | 垂花门正立面图、剖面图 | 1981 | 亓萌、许晓冬 | 不详 |
| 合计 43 张 | | | | |
| 普济禅寺前 | 御碑亭平面图 | 1982 | 张晶、汤泽荣、黄少林、卢建 | 不详 |
| | 御碑亭正立面图 | 1982 | 张晶、汤泽荣、黄少林、卢建 | 张晶 |
| | 御碑亭剖面图 | 1982 | 张晶、汤泽荣、黄少林、卢建 | 不详 |
| | 八角亭平面图 | 1982 | 张晶、汤泽荣、黄少林、卢建 | 不详 |
| | 八角亭立面图 | 1982 | 张晶、汤泽荣、黄少林、卢建 | 不详 |
| 合计 5 张 | | | | |
| 慧济禅寺 | 总平面图 | 1982 | 吴放、周科、张峰、张克明、陈向阳、陈帆、林楠、黄海 | 周科 |
| | 总剖面图 | 1982 | 吴放、周科、张峰、张克明、陈向阳、陈帆、林楠、黄海 | 不详 |
| | 照壁立面图 | 1982 | 吴放、周科、张峰、张克明、陈向阳、陈帆、林楠、黄海 | 周科 |
| | 钟楼平面图 | 1982 | 吴放、周科、张峰、张克明、陈向阳、陈帆、林楠、黄海 | 张克明 |
| | 钟楼正立面图 1 稿 | 1982 | 吴放、周科、张峰、张克明、陈向阳、陈帆、林楠、黄海 | 张峰 |
| | 钟楼正立面图 2 稿 | 1982 | 吴放、周科、张峰、张克明、陈向阳、陈帆、林楠、黄海 | 张峰 |
| | 钟楼剖面图 | 1982 | 吴放、周科、张峰、张克明、陈向阳、陈帆、林楠、黄海 | 张克明 |
| | 钟楼平身科斗拱图 | 1982 | 吴放、周科、张峰、张克明、陈向阳、陈帆、林楠、黄海 | 陈帆 |
| | 钟楼角科斗拱图 | 1982 | 吴放、周科、张峰、张克明、陈向阳、陈帆、林楠、黄海 | 陈帆 |
| | 天王殿平面图 | 1982 | 吴放、周科、张峰、张克明、陈向阳、陈帆、林楠、黄海 | 陈帆 |
| | 天王殿正立面图 | 1982 | 吴放、周科、张峰、张克明、陈向阳、陈帆、林楠、黄海 | 黄海 |
| | 天王殿横剖面图 | 1982 | 吴放、周科、张峰、张克明、陈向阳、陈帆、林楠、黄海 | 陈帆 |

| 寺庙 | 内容 | 年级 | 测绘 | 绘图 |
|---|---|---|---|---|
| 慧济禅寺 | 天王殿纵剖面图 | 1982 | 吴放、周科、张峰、张克明、陈向阳、陈帆、林楠、黄海 | 不详 |
| | 大雄宝殿平面图 | 1982 | 吴放、周科、张峰、张克明、陈向阳、陈帆、林楠、黄海 | 不详 |
| | 大雄宝殿正立面图 | 1982 | 吴放、周科、张峰、张克明、陈向阳、陈帆、林楠、黄海 | 不详 |
| | 大雄宝殿横剖面图 | 1982 | 吴放、周科、张峰、张克明、陈向阳、陈帆、林楠、黄海 | 陈向阳 |
| | 大雄宝殿纵剖面图 | 1982 | 吴放、周科、张峰、张克明、陈向阳、陈帆、林楠、黄海 | 吴放 |
| 合计 17 张 | | | | |
| 梅福禅院 | 总平面图 | 1982 | 赵淑艳、薛蓓、吴越、殷农、程樱 | 赵淑艳 |
| | 总剖面图 | 1982 | 赵淑艳、薛蓓、吴越、殷农、程樱 | 殷农 |
| | 院门平面图 | 1982 | 赵淑艳、薛蓓、吴越、殷农、程樱 | 程樱 |
| | 院门正立面图 | 1982 | 赵淑艳、薛蓓、吴越、殷农、程樱 | 吴越 |
| | 院门剖面图 | 1982 | 赵淑艳、薛蓓、吴越、殷农、程樱 | 薛蓓 |
| | 大殿平面图 | 1982 | 赵淑艳、薛蓓、吴越、殷农、程樱 | 赵淑艳 |
| | 大殿正立面图 | 1982 | 赵淑艳、薛蓓、吴越、殷农、程樱 | 吴越 |
| | 大殿剖面图 | 1982 | 赵淑艳、薛蓓、吴越、殷农、程樱 | 程樱 |
| | 灵佑洞立面图、平面图 | 1982 | 赵淑艳、薛蓓、吴越、殷农、程樱 | 程樱 |
| | 灵佑洞洞内立面图 | 1982 | 赵淑艳、薛蓓、吴越、殷农、程樱 | 程樱 |
| 合计 10 张 | | | | |
| 观音洞庵 | 总平面图 | 1982 | 朱雪梅、朱荷娣、李文驹、郑海滨、叶为胜 | 不详 |
| | 总剖面图 | 1982 | 朱雪梅、朱荷娣、李文驹、郑海滨、叶为胜 | 不详 |
| | 总侧立面图、斋堂剖面图 | 1982 | 朱雪梅、朱荷娣、李文驹、郑海滨、叶为胜 | 不详 |
| | 圆通殿正立面图 | 1982 | 朱雪梅、朱荷娣、李文驹、郑海滨、叶为胜 | 不详 |
| | 圆通殿平面图 | 1982 | 朱雪梅、朱荷娣、李文驹、郑海滨、叶为胜 | 朱雪梅 |
| | 圆通殿剖面图 | 1982 | 朱雪梅、朱荷娣、李文驹、郑海滨、叶为胜 | 不详 |

| 寺庙 | 内容 | 年级 | 测绘 | 绘图 |
|---|---|---|---|---|
| 观音洞庵 | 圆通殿横剖面图 | 1982 | 朱雪梅、朱荷娣、李文驹、郑海滨、叶为胜 | 朱雪梅 |
| | 圆通殿轩剖面图 | 1982 | 朱雪梅、朱荷娣、李文驹、郑海滨、叶为胜 | 不详 |
| | 圆通殿屋顶仰视平面图 | 1982 | 朱雪梅、朱荷娣、李文驹、郑海滨、叶为胜 | 不详 |
| 合计 9 张 | | | | |
| 大乘禅院 | 总平面图 | 1982 | 闫平、王英、李槟、赖建宇、荆延武、谢克明 | 赖建宇 |
| | 大殿立面图 | 1982 | 闫平、王英、李槟、赖建宇、荆延武、谢克明 | 不详 |
| | 大殿横剖面图 | 1982 | 闫平、王英、李槟、赖建宇、荆延武、谢克明 | 不详 |
| | 大殿纵剖面图 | 1982 | 闫平、王英、李槟、赖建宇、荆延武、谢克明 | 荆延武 |
| | 大殿屋顶仰视平面图 | 1982 | 闫平、王英、李槟、赖建宇、荆延武、谢克明 | 不详 |
| | 卧佛殿正立面图 | 1982 | 闫平、王英、李槟、赖建宇、荆延武、谢克明 | 闫平 |
| | 卧佛殿剖面图 | 1982 | 闫平、王英、李槟、赖建宇、荆延武、谢克明 | 谢克明 |
| 合计 7 张 | | | | |
| 多宝塔 | 立面图 | 1982 | 张晶、汤泽荣、黄少林、卢建 | 汤泽荣 |
| 合计 1 张 | | | | |
| 正趣亭 | 平面图 | 1982 | 张晶、汤泽荣、黄少林、卢建 | 汤泽荣 |
| | 正立面图 | 1982 | 张晶、汤泽荣、黄少林、卢建 | 汤泽荣 |
| | 侧立面图 | 1982 | 张晶、汤泽荣、黄少林、卢建 | 不详 |
| | 横剖面图 | 1982 | 张晶、汤泽荣、黄少林、卢建 | 不详 |
| | 纵剖面图 | 1982 | 张晶、汤泽荣、黄少林、卢建 | 汤泽荣 |
| 合计 5 张 | | | | |
| 总计 126 张 | | | | |